城市树木多样性研究理论与实践

谢春平 ◎ 著

U0340614

郑州大学出版社

图书在版编目(CIP)数据

城市树木多样性研究理论与实践／谢春平著. — 郑州：郑州大学出版社，2023.1
ISBN 978-7-5645-9405-3

Ⅰ. ①城… Ⅱ. ①谢… Ⅲ. ①园林树木 – 生物多样性 – 研究 Ⅳ. ①S68

中国国家版本馆 CIP 数据核字(2023)第 020234 号

城市树木多样性研究理论与实践
CHENGSHI SHUMU DUOYANGXING YANJIU LILUN YU SHIJIAN

策划编辑	袁翠红		封面设计	王 微
责任编辑	王红燕		版式设计	苏永生
责任校对	樊建伟		责任监制	李瑞卿

出版发行	郑州大学出版社		地 址	郑州市大学路 40 号(450052)
出版人	孙保营		网 址	http://www.zzup.cn
经 销	全国新华书店		发行电话	0371-66966070
印 刷	广东虎彩云印刷有限公司			
开 本	787 mm×1 092 mm 1／16			
印 张	12.25		字 数	285 千字
版 次	2023 年 1 月第 1 版		印 次	2023 年 1 月第 1 次印刷
书 号	ISBN 978-7-5645-9405-3		定 价	59.00 元

前言

城镇化是人类社会发展的必然趋势,也是社会文明及发达程度的标志;但随之带来的各种问题也日益凸显,尤其是城市居民与环境之间的矛盾。中国城镇化率在 2022 年已超过 65%,城市生态问题已成为全民关注的热点议题。党的二十大报告提出"尊重自然、顺应自然、保护自然,是全面建设社会主义现代化国家的内在要求",必须牢固树立和践行绿水青山就是金山银山的理念,站在人与自然和谐共生的高度谋划发展。因此,提升环境基础设施建设水平,推进城乡人居环境整治就必须在城市生态理论的指导下科学开展。

中国的城市生态学研究呈现出百花齐放的局面,在许多城市都开展了相应的研究,获得了丰硕的成果。近年来,笔者本人及团队成员重点对江苏地区的南京、连云港、常州等地开展了城市生态学方面的研究,在国内外各类期刊发表了数十篇论文,对这些区域的城市树木多样性保护提出了科学见解。同时,在与其他学者交流的过程中发现(尤其是基层工作者),他们一方面无法很好地处理数据(缺乏有效的工具),另一方面对数据内涵的解读不足。基于此,为更好地总结过去的研究工作及传播学术思想,激发了笔者对城市树木多样性研究的理论与实践思考,从而完成了本书的撰写。

本书主要包括 6 部分内容。绪论介绍了城市树木多样性的重要性及未来发展趋势。第 1 章阐述了城市树木多样性的研究方法,包括取样、数据处理和分析方法,重点对各类方法进行解读。第 2 章介绍了 PAST 软件的使用方法,这也是本书的亮点之一,通过一个简易的软件破解了部分科研工作者在数据处理方面的难题。在前面内容基础上,第 3 章着重将软件使用与研究方法相结合,并对获得的结果进行了解读。第 4 章精选了 7 个城市树木多样性研究方面的案例,从不同视角对各案例进行了详细分析。附录部分精选了华东地区常见的 20 种裸子植物和 144 种被子植物,图文并茂地展示了区域城市树木多样性的组成。

本书大部分图片由作者拍摄或制作,但仍有部分图片来自其他学者的支持,他们分别是南京森林警察学院的南程慧博士与应耿迪同学,南京林业大学的李蒙博士和陈林博士,上海东郁果业有限公司的王晨先生,在此表示诚挚谢意。

最后,衷心感谢导师王贤荣教授、方炎明教授,及 C. Y. Jim、伊贤贵、李蒙、段一凡、陈林、刘大伟、南程慧、邱靖、吴显坤、俞筱押等各位益友长期以来的大力支持与帮助。

本专著由海南省自然科学基金(423MS061)、海南省教育厅项目资助(Hnky2023ZD-17)、琼台师范学院热带生物多样性与资源利用实验室(QTPT21-5)共同资助出版。

本书可供城市生态学相关领域研究学者参考使用。由于作者水平有限与经验不足,书中定有不足,敬请各位读者批评指正。

目 录

绪论　城市树木多样性概述

自 20 世纪后,世界各地城市化进程的速度和巨变程度超越了人类社会发展的各个阶段,其所带来的社会变革和城市环境变化都是前所未有的。大量人口聚集及城市不断地膨胀与扩张,对城市生态环境的维护与发展提出了更高的要求。到 2050 年,世界上大部分人口(70%)将居住在城市;这些大规模的人口集中将面临各种各样的挑战,包括气候变暖、城市热岛效应、空气污染、健康医疗、饮用水、食物等诸多问题,尤其是如何在城市内构建出可持续发展的生态环境(Turner-Skoff & Cavender,2019)。

虽然城市通常被认为对本地植物多样性有负面影响,但最近的全球和大陆城市生物多样性分析表明,城市支持多样化的植物类群(Aronson et al.,2014),并在珍稀濒危物种的保护方面发挥了积极的作用(Ives et al.,2016)。因此,城市生物多样性是城市生态系统健康的基础(赵娟娟等,2018)。城市植物多样性不仅可以缓解目前城市突出的生态环境问题(闫俊文和刘婷凤,2018),而且在维护城市生态平衡、改善城市环境、稳定绿地系统,以及为其他物种提供食物链和栖息地等方面发挥了积极的作用(王崑等,2019)。所以,城市植物多样性是城市永续发展的关键。

尤其城市森林的主体——树木,作为城市的绿色基础设施,在美化环境,改善城市小气候,缓解"热岛效应",维持二氧化碳和氧气的平衡,吸附、吸收污染物或阻碍污染物扩散(Georgi & Zafiriadis,2006;Loughner et al.,2012;Russo et al.,2014),降噪消噪等改善城市生态环境,以及提升城市文化影响力、知名度、竞争力等方面的重要作用已经得到全社会的普遍认同(黎燕琼等,2018)。

城市树木包括街道树木、私家花园树木、公园树木、居住区树木、公共场所树木和郊区森林等,是城市绿地空间的重要组成部分(Xie,2018;宗桦等,2021)。它几乎遍布城市的每个角落,因此树木多样性已成为城市生态环境、城市经济、城市宜居性等各方面可持续发展的关键因素之一。

0.1　曾经走过的弯路

城市环境"树种选择单一,多样性低"的问题似乎在许多城市均有发生,即物种单一,同质化严重(Jim & Chen,2009;Deb et al.,2013;Garcillán et al.,2014)。有学者对北欧 10 个城市的绿地进行调查发现,欧洲椴(*Tilia × europaea*)、挪威槭(*Acer platanoides*)、垂枝桦(*Betula pendula*)等少数几个物种在城市中占有较大的比重;而隶属于槭属(*Acer*)、桦木属(*Betula*)、花楸属(*Sorbus*)、椴树属(*Tilia*)、悬铃木属(*Platanus*)等的物种基本构成了这些城市绿地的主体(Sjöman et al.,2012)。国内外许多学者对城市树种单一种植持否定态度(Sjöman,2012;Zainudin et al.,2012;雷一东和金宝玲,2011),这种多样性低的城市森林结构不仅直接导致了景观多样性低,而且存在着极大的生物灾害风险。丰富多样性的树种可以阻止或延缓病虫害的扩散;即使暴发了某一种病虫害,由于物种多样性高,也能减轻由此带来的灾害。最典型的例子是曾经肆虐北美及欧洲多个城市的荷兰榆树病(Dutch elm disease),导致许多城市在短期内大量榆树死亡(Kendal et al.,2014),时至今日仍有许多欧美城市"谈榆色变"(Hauer et al.,2020;Ma et al.,2020)。

在我国,许多城市也是"多街一树",不但景观单调,绿化效果差,而且容易发生大规模的病虫害。我国西北部一些城市如银川市、包头市、呼和浩特市等地,过去行道树大多数是由杨树(Populus spp.)组成,所占比例几乎都在80%~90%。由于树种单一,造成杨树光肩星天牛(Anoplophora glabripennis)虫害的大量蔓延,导致银川市所有杨树不得不砍伐、烧毁(王瑞辉等,2005)。近年,我国城市森林建设也已经意识到单一树种存在的问题;如长三角地区城市人工林已开始重视树种多样性的问题,但从数量及分布来看极不平衡,区域内樟(Cinnamomum camphora)和悬铃木(Platanus spp.)的覆盖度高达45.18%,占有绝对地位,相对物种多样性及群落稳定性较弱(张龙等,2022)。

城市复杂的环境特征给病虫害的暴发提供了温床,因此城市树木多样性绝不能仅仅停留在多样性理论的基础上,而是切实可行地在城市绿地规划与维护过程中,科学合理地提升物种多样性,使绿地的生态服务功能发挥到最佳状态。因此改变城市树木多样性低的现状仍有很长的路要走。

0.2　城市树木多样性的重要性

树木对人类和地球都起着至关重要的作用。许多研究表明,树木和城市自然的存在可以改善人们精神和身体健康,儿童的注意力和测试分数,一个居住区的财产价值等。树木使我们的城市中心更加凉爽。树木对健康的社区和居民至关重要。树木提供的好处可以帮助城市和国家实现17个国际支持的联合国可持续发展目标中的15个目标。因此,城市树木提供了一系列的生态系统服务,它们构成了宜居城市的重要组成部分。但是,城市森林受到土地使用冲突、气候变化、人类密集使用和滥用以及害虫和疾病的威胁,导致城市居民所依赖的社会、经济和环境利益受到威胁。幸运的是,物种多样性、遗传多样性、年龄和结构多样性可以支持城市森林健康,从而确保在面对此类威胁时提供最佳和长期的生态系统服务。

0.2.1　居民身心健康和社会福利

城市森林可以为城市居民健康提供的最重要的好处之一就是拦截和减少空气污染(Wolf et al.,2020)。空气污染(例如颗粒物、臭氧、一氧化碳、多环碳氢化合物、二氧化氮、二氧化硫等)与支气管炎症状、眼压(导致青光眼)、心肌梗死(即心脏病发作)、自主神经和微血管功能的改变、自闭症、血压、儿童认知发育问题(处理速度较慢、行为问题、注意缺陷/多动障碍症状)、血液线粒体丰度、心力衰竭和人类死亡率等密切相关(Bera et al.,2021;Chen et al.,2018;Combes et al.,2019)。树木可以消除大量的空气污染,据估计,美国城市树木每年可消除 711 000 吨的空气污染(Nowak et al.,2006)。以前的研究表明,在所研究的 35 种木本植物中,所有的木本植物都积累了可吸入颗粒物(Moet al.,2015)。此外,PM2.5 的积累能力随着树木的成熟而增加,而且多样化的树木种植可以增强对 PM2.5 的捕获(Chen et al.,2015)。

树木、绿地和死亡之间存在相关性(Hilbert et al.,2019)。在一项特别的研究中,学者发现心血管和呼吸系统死亡的增加与美国各地白蜡树的感染和死亡存在关联(Donovan et al.,2013)。拥有更多的树木,特别是"适地、适树",可以减少颗粒物和其他形式的空气污染,这可以降低我们城市中心的死亡率和发病率。

除了消除污染之外,树木的存在还对人类的健康提供了额外的直接和间接的好处(Donovan,2017)。高的树木多样性和舒适的绿化环境可减少城市居民负面想法,减少抑郁症状,并与更好的情绪和更高生活满意度密切相关(Zhang et al.,2021)。树木的景色可以帮助患者在医院得到身体和精神的恢复(Dwyer et al.,1999),降低了患者的舒张压力和精神压力(Yang et al.,2019);树木多样性高的社区居民感觉更健康,心脏出现问题的状况更少(Astell-Burt et al.,2019);树木的存在甚至可以改善患有神经变性疾病人的状况(Pataki et al.,2021)。此外,由于人们重视城市树木和自然环境,城市居民更喜欢绿树环抱(Locke et al.,2021)。树木和绿地的存在可能会鼓励户外活动(Lo & Jim,2012),这与身体和心理健康有关。鉴于生态系统服务生态疗法的多方面的健康益处,种植和管护树木的行为本身就可能促进身心健康;树木不仅能让人们更快乐、更健康,而且还能让社区更适合居住。

维护良好的绿树环境与构建一个和谐的社区人际关系密切相关(Holtan et al.,2015),具体体现在减少家庭暴力和降低社区的犯罪率(Sullivan,1996;Troy et al.,2012)。有研究显示,美国俄亥俄州辛辛那提市白蜡树的损失与犯罪率的增加积极相关(Kondo,2017)。不管如何,都有证据表明树木会让居民感觉更幸福与安全(Kwon et al.,2021)。

因此,城市树木可以帮助我们实现以下联合国可持续发展目标:①确保所有年龄段居民的健康生活和促进所有人的福祉;②使城市和人类居住区具有包容性、安全性、弹性和可持续性;③促进与平和包容性的社会,促进可持续发展,为所有人提供正义的机会,并在各级建立有效、负责任和包容性的机构。这些从树木中带来的好处,如果分布在整个社区,可以使城市更可持续和更宜居。

0.2.2　儿童认知能力的发展与教育

为了提高读写能力和计算能力,孩子们需要接触到树木(Ahmed et al.,2022)。压力水平、注意力和内在动机可能是一个孩子作为学生成功的重要因素(Kuo et al.,2018)。专注力高的学生更有可能在学校取得成功并接受高质量的教育。注意力缺陷障碍(Attention deficit disorder,ADD)和注意缺陷与多动障碍(Attention deficit and hyperactivity disorder,ADHD)会影响学生在学校的成功(Getzel & Thoma,2006)。绿色环境,如带有大树的开放空间,可帮助 ADD 和 ADHD 症状的减缓(Faber & Kuo,2011)。

树木覆盖率与学生的学习成绩密切相关(Tallis et al.,2018)。研究表明,影响学校的升学率和毕业率的是树木和灌木,而不是草本植物(Matsuoka,2010)。研究发现,面对有压力的事件,学生在有绿树环抱的环境下的恢复速度比在封闭的砖墙教室内更快(Li & Sullivan,2016)。同时,具有绿树的自然环境中,学生的学习成绩与课堂参与度也获得了提高(Tallis et al.,2018)。树木可以促进优质的教育,这对社会有无数的优势。获得树木支持高质量的教育,可以帮助各国实现联合国可持续发展目标,确保包容性和公平的高质量教育,并促进所有人的终身学习机会。

0.2.3 提升与创造价值

树木提供了许多生态系统服务,可以造福城市环境,从减少能源使用和消除污染到提升房地产价值,发展当地经济和支持旅游业开发(Livesley et al.,2016;Donovan et al.,2019)。据估计,树木每年为美国在消除空气污染、减少建筑能源使用、固碳和避免污染物排放等方面就创造了183亿美元的价值(Nowak & Greenfield,2018)。基于树木提供的利益和生态系统服务,分配植树任务和维护树木资源将是一个非常合理的决定(Rudrawar et al.,2022)。随着时间的推移,对城市树木的投资回报可能是前期投入资本的倍数(Turner-Skoff & Cavender,2019)。许多财政赤字并没有完全计入这种投资回报。此外,行道树的存在可以降低路面的老化率,影响商店的人流量,并提高房屋的售价(Khare et al.,2021)。只要树木不过度遮挡视野,高质量的景观和适宜的树木可以提高房屋的租金(Escobedo et al.,2015)。适当种植树木也可以减少能源使用,从而降低能源成本(Ko et al.,2015)。

城市树木不仅可以提供经济效益,它们也可以为一个社区提供资源(如食物)。树木可以提供粮食安全和促进社会福利的想法并不新鲜。事实上,农林复合经营以前被认为是实现联合国千年发展目标的一种方式(Plieninger et al.,2020)。数百种树被用于农林复合,以促进粮食的可持续发展和营养安全(Romanova & Lovell,2021)。城市果园,或城市粮食林业,是一种有效的方式,可持续地为城市居民提供免费或低成本的营养丰富的食物(Hynes & Howe,2002)。城市的行道树可以为居民提供许多资源,如在纽约市88%的行道树具有药物、食用等价值,这其中包括10种最常见树种中的9种(Hurley & Emery,2018)。"不可思议的可食植物"活动是一个鲜活的例子,说明了如何利用城市环境中未充分利用的土地来种植食物,可作为减少食物种类稀缺和建立社区交流的一种重要手段(Giacchè & Porto,2018)。在城市可用的空间中布局果园可能是一种减少饥饿和增加社会联系的重要工具。

城市森林还为非木材林产品(Non-timber forest product,NTFP)提供了种植场所,以为当地社区提供宝贵的资源(Turner,2015)。NTFP的一些例子包括西洋参(*Panax quinquefolius*)、枫糖浆(*Acer* spp.)、栗子(*Castanea sativa*)等(Buonincontri et al.,2015)。过去,NTFP与农村环境有关,但城市NTFP可以为生活在城市的居民提供额外的经济、食物和医疗安全(McLain et al.,2017)。

最后,木材是世界上许多地区重要的材料和能量来源(Kaoma & Shackleton,2014),在城市或社区被砍伐的树木可以用作木材。这可以用于生产燃料或生产商品。具有创新性的项目和使用对促进城市木材的可持续发展具有积极意义。例如,南非发起的

"Working for Water"的项目旨在让城市居民清除外来入侵的木本植物,而这些被清除的木材则发展成了当地的第二产业(Richardson & Van,2004)。虽然这个项目是为了解决入侵物种的问题,但它是一个创造性的解决方案,将树木与城市问题一并融合解决。城市森林还可以向需要这些能源的人提供可负担得起的能源。值得注意的是,燃烧木材一定程度上增加了城市空气污染的程度(Favez et al.,2009),但对城市居民而言仍利大于弊。因此,城市树木是一种宝贵的资源,即使它们被砍伐了仍在创造价值。

城市树木可以通过提供粮食、资源和经济优势,帮助各国实现以下联合国可持续发展目标:①消除各地各种形式的贫困;②结束饥饿,实现粮食安全和改善营养,促进农业可持续发展;③确保人人获得负担得起、可靠、可持续和现代化的能源;④促进包容和可持续的经济增长,全面就业和体面工作;⑤减少国家内部和国家之间的不平等;⑥确保可持续的消费和生产模式。

0.2.4　应对气候变化与提供栖息地

气候变化直接影响到人们居住的地方。与气候变化相关的对人类健康造成严重危害风险的是与高温有关的死亡、疾病和传染性疾病的增加(Paavola,2017)。高温和与高温相关的健康问题的增加在城市尤为普遍,其中城市热岛效应增加了热浪的影响(Heaviside et al.,2017)。适当栽植树木可以降低建筑环境中的温度。树木不仅通过拦截和吸收光来起到遮阴作用,而且通过蒸腾作用,来降低城市的温度(Tan et al.,2016)。对全世界94个城市地区的分析表明,树木对温度有显著的影响作用,可使城市平均温度下降1.9 ℃(Turner-Skoff & Cavender,2019)。树木融入建筑环境可以使城市的温度降低9 ℃(Wang et al.,2018)。城市温度的降低将有助于改善气候变化对人类健康的影响(Wolf et al.,2020)。

限制气候变化影响的关键办法之一是减少碳排放,而树木有利于固碳(Fares et al.,2017)。例如在美国地区的城市树木不仅每年固碳2280万吨,而且该地区的城市森林储存了7亿吨碳(Nowak & Crane,2002)。一棵树越成熟,它的固碳量就越多(Meineke et al.,2016)。虽然树木不是解决气候变暖的唯一途径,但健康和成年大树对固碳及减轻碳排放具有显著的回报。

最后,城市树木(特别是成年大树)在陆地生态系统中发挥着关键作用(Nowak et al.,2016)。树木在城市地区至关重要,因为它们为鸟类、无脊椎动物、哺乳动物和植物提供食物和栖息地(Breuste,2021)。改善和维持生物多样性对于一个可持续性发展的城市来说是十分必要的。

因此,种植和维护城市树木可以帮助一个国家实现以下联合国可持续发展目标:①确保所有年龄段居民的健康生活和促进所有人的福祉;②采取紧急行动应对气候变化及其影响;③保护、恢复和促进陆地生态系统的可持续利用,可持续地管理森林,防治荒漠化,制止和逆转土地退化和制止生物多样性的丧失。

0.2.5　城市绿色基础设施的主体

树木被认为是"分散的绿色基础设施",可以成为管理水资源的重要工具,特别是在城市生态系统中（Berland et al. ,2017）。地表径流在城市环境中是一个严重的问题,因为径流会增加污染的暴露,造成财产损失（Müller et al. ,2020）。树木可以减少和拦截雨水,改善径流水的质量（Zabret & Šraj,2019）。因为雨水与不透水的表面接触较少,当它进入当地的水道和与水相关的生态系统时,污染物也较少。树木在植物修复中也很有价值,它们可以从环境中转移重金属和其他污染物（Dadea et al. ,2017）。灰色基础设施随着时间的推移而退化,树木随着成熟度而不断升值（Brindal & Stringer,2009）。因此,对树木的投资具有生态经济意义,并与联合国的可持续发展目标相一致。

绿色基础设施保护水生生物和陆地生物,同时促进可持续发展。树木减少水土流失的能力有利于人类的健康和福祉。因此,通过促进树木作为绿色基础设施,可以实现以下联合国可持续发展目标:①确保所有年龄段居民的健康生活和促进所有人的福祉;②确保所有人的饮用水和卫生设施的可用性和可持续管理;③建立有弹性的基础设施,促进包容性和可持续的工业化,促进创新;④使城市和人类居住区具有包容性、安全性、弹性和可持续性;⑤确保可持续的消费和生产模式;⑥保护和稳定地利用海洋和海洋资源的可持续发展;⑦保护、恢复和促进陆地生态系统的可持续利用,森林的可持续管理,防治荒漠化,制止和扭转土地退化,防止生物多样性的丧失。

0.3　城市树木多样性展望

城市树木也并非是一成不变的,它会随着历史朝代、自然环境、人文因素等进行变化。以城市行道树为例,我国历史上秦以青松为主,汉以后直到唐宋则以槐树为主,明清转以柳树为主（游修龄,1996）。许多城市能够支持高多样性,也意识到城市树木多样性对城市生态系统的重要性,但许多城市的树木多样性较低,甚至下降（Sjöman et al. ,2012）。尽管总体物种丰富度较高,但通常却是仅有少数树种主导城市树木种群（谢春平,2017）。对全球108个城市的物种多样性的研究表明,城市森林中平均20%的树木属于同一种,26%属于同一属,32%属于同一科（Kendal et al. ,2014）。因此,在城市林业的策略、设计和管理中要更加重视树木的多样性。

0.3.1　城市树木多样性的构建指导

城市树木多样性在政策和规划中主要通过一般的指导策略或"经验法则"得到解决。有许多物种多样性指导策略,如Frank Santamour的"10-20-30法则",该法则建议每个树种、每个属和每个科的种植量均不应超过城市总体种植量的10%、20%和30%（Santamour,2004）。其他学者建议使用数学计算的多样性指数,如辛普森和香农-韦纳指数。同时建议城市树木的多样性划分应高于"种"的等级,因为害虫通常也都是在科或属的水平划分,由此可以更好地应对病虫害（Subburayalu & Sydnor,2012）。

0.3.2　适地适树

城市树木多样性的策略和规划需要以城市森林的现状和组成为基础（Ma et al. ,2021）。世界各地的城市园林部门越来越多地构建出适宜本地的树种名录（Ossola et al. ,

2020），尽管多数主要集中在公共绿地上。此外，树木名录已经成为研究城市树木生态系统服务研究人员的有价值的基础数据。现代技术（例如，高光谱卫星图像、激光雷达）为所有城市树木的全面盘点提供了机会（Wegner，2016）。树种名录可以为与多样性相关的决策提供科学基础。

城市在规划树种多样性时，需要探索可用或期望的树种基因型的范围。不要在没有适当生物安全测试的情况下盲目使用新物种，同时还应在不同生长条件下的胁迫环境进行耐受性观察（Sjöman et al.，2012）。我们需要全面掌握各种城市树木的基因型生态和生理适应性的资料，以及这些基因型如何与不同的城市地点和提供不同的生态系统服务相联系。在此，城市绿化苗圃在测试新的园林树种和通过匹配与新需求的供应方面发挥着重要的作用。

0.3.3　城市树木多样性的管理

城市森林的管理不仅涉及市政"树"官员和城市森林管理员，还包括规划者和其他政府官员，以及广泛的其他参与者，但并不包括当地居民（Lawrence et al.，2013）。当地居民可以对他们更喜欢哪些树木、城市森林结构和城市森林服务有强烈的看法（Dipeolu et al.，2021），但并不是参与决策的成员。随着城市人口的多样化，"树木偏好"的范围也可能会增加（Gwedla & Shackleton，2019）。诸如生物文化多样性等概念，它提供了一个对生物多样性和当地文化多样性的综合视角（Ordóñez-Barona，2017），成为一个有前途的新视角。

在全球范围内，确实存在着旨在提高城市树木多样性的良好规划和治理实践。增强的树木多样性已被纳入新加坡的绿色基础设施规划（Tan et al.，2013），而丹麦哥本哈根等城市试图摆脱传统的、只使用少数的优势树种，如榆树和花楸（Sjöman et al.，2012）。美国圣塔莫尼卡通过在每个不同的街道种植不同的行道树来提升城市树木多样性，从而实现了城市层面的多样性，同时也加强了当地的特色（Morgenroth et al.，2016）。然而，它也面临着大丝葵（*Washingtonia robusta*）的挑战，其占整个城市森林40%以上。最后，市政部门和研究机构可通过建立树木园来关注城市树木的多样性（Michener & Schultz，2002），这为公众的交流和参与提供了极好的途径。

第1章 城市树木多样性的研究方法

城市树木为城市提供了一系列重要的生态系统服务,因此它们是构成宜居城市的一个重要组成部分。但是,城市森林受到土地使用冲突、气候变化、人类密集使用和滥用以及虫害和疾病等众多威胁;由此导致市民所依赖的社会、经济和环境利益受到威胁。幸运的是,城市树木多样性可以支持城市森林的健康,从而确保在面对这些威胁时,能够长期提供最佳的生态系统服务;因此,维持良好的城市树木多样性成为城市生态系统健康可持续发展的核心焦点。本章重点对城市树木多样性当前研究中所涉及的主要方法进行系统阐述,为城市树木多样性的实证研究建立基础。

1.1 取样与设样

1.1.1 取样方法

获取研究样本数据是所有生态学研究的第一步,然而城市森林群落与天然林群落有较大的差别,其取样方法既有联系又有区别。取样的目的是通过局部推测总体情况,获得精准的局部数据是掌握整体的关键。城市森林群落取样包括主观取样和客观取样两种方式:①主观取样是以"典型"为代表的样地调查方式,如选取城市最具有代表性的广场、公园、居住区等;这种取样数据结果反映的是"最佳"或"最具某一类代表性"的,它不具有普遍性,而且不能进行显著性检验。②客观取样包括随机取样、系统取样、限定随机取样、分层取样等,具体分类如表1-1所示。其中简单随机取样和分层随机取样是城市树木多样性研究中最常用的,下面做简要介绍。

(1)简单随机取样 简单随机取样(也称为单纯随机取样)就是从包括总体 N 个单位的抽样框中随机地、一个一个地抽取 n 个单位作为样本,每个单位的入样概率是相等的;取样的随机性是通过取样的随机化程序体现的,实施随机化程序可以使用随机数字表,也可以使用能产生符合要求的随机数序列的计算机程序(Singh,2003)。简单随机取样中每个样本单位被抽中的概率相等,样本的每个单位完全独立,彼此间无一定的关联性和排斥性(杨刚,2012)。具有如下特点:

1)简单随机取样要求被抽取的样本的总体个数 N 是有限的;

2)简单随机样本数 n 小于等于样本总体的个数 N;

3)简单随机样本是从总体中逐个抽取的;

4)简单随机取样是一种不放回的取样;

5）简单随机取样的每个个体入样的可能性均为 n/N。

表 1-1　城市植物调查取样方法统计（引自江南等，2021）

取样方法	说明	例子
简单随机取样	从总体中逐个抽取，每个抽样单元被抽中的概率相同	250 m×250 m 网格覆盖研究区域，随机抽取单元格
分层随机取样	将总体分成互不相交的层，然后按照一定的比例，从各层独立地抽取一定数量的个体	分成与人口密度相对应的城市核心区、次城市区和城市边缘区，在每个研究区内抽取 40 个地块样本
系统取样	将总体先按一定的顺序排列、编号，按一定间隔选择被调查的单位个体	200 m×200 m 网格覆盖，获取网格的交叉点，对所有交叉点进行采样
定额取样	将总体依某种标准分层（群）；然后按照一定比例主观抽取样本	60 个城市 7 种栖息地，每个城市的每种生境中抽取具代表性的 1 ha 地块
判断取样	从总体中选择那些被判断为最能代表总体的单位做样本	由城市绿地主管部门选择。设定标准，逐一排除
方便取样	样本限于总体中易于抽到的一部分	机构成员、公众自愿提供。预先发放传单，根据回应率选择调查社区
雪球取样	根据随机抽取的少量样本所形成的线索确定实际调查样本	根据前人的研究涉及的样本额外添加其他可供选择的样本。随机选点，调查离样点最近的 3 种规模的私人花园和 2 种规模的共享住宅花园

　　简单随机取样在实际应用中有一些局限性：首先，它要求包含所有总体单位的名单作为取样框，当总体中的个体数 N 很大时，构造这样的取样框不容易，因此，此取样方法只适用于总体单位数量有限且不是太大的情况，否则编号工作繁重；其次，根据这种方法抽出的单位很分散，给实施调查增加了困难；最后，这种方法没有利用其他辅助信息以提高估计的效率，对于复杂的总体，样本的代表性难以保证等。

　　（2）分层随机取样　将分层取样与随机取样相结合的取样方法即分层随机取样，是目前在城市植物的研究中最为常用的取样方法。采用分层随机取样法，在对取样方法进行设计时需要确定研究区的边界范围、面积、各级分层及辨识标准、各级分层的面积及边界以及取样量的分配方法。其中主要的难题是如何确定各级的分层标准及如何分配取样量，确定取样量的分配方法需要进一步确定各层的调查点数量、各调查点的取样量以及各调查点的乔灌草取样量比例。在合适的情况下，根据多种记载资料及国家分类标准来制定详细的分类方法，更有利于广泛采用各种历史记载资料来与调查数据做比较。另外，除了考虑以上取样量问题外，还应当适当留出一些备用取样点，如果在现场遇到无法调查的样点，则按顺序抽取备用取样点替代这些无法取样的点以确保取样的随机性（赵娟娟等，2009）。

　　（3）全面调查　由于城市环境具有强烈的人为干预背景，其树木分布和多样性的人为主观性较强,因此全面调查是获得结果最为准确的方法。但是,全面调查存在工作量大、花费高、调查面广等困难,因此在实际运用时应根据调查目的而谨慎采用。

1.1.2 样方设置

(1)根据城市植被类型,按照一定比例设置样方调查 如表1-2所示(赵娟娟等,2009),首先要确定所调查对象的实际情况,如果植物异质性不高,或者斑块异质性很高但是面积过大(通常是山林、自然式的斑块)无法有效地完全取样,则采用传统的样方取样以节省意义不大的取样工作;如果植物异质性较高而且能够有效地完全取样,则采用斑块取样较好。其次,最小调查面积的大小确定很难用传统的"种-面积曲线"和"巢式取样"来确定(方精云等,2009),因此,应尽可能扩大或抽取调查区域来保证调查的精度。

表1-2 城市植物调查的取样量及样方面积分类及案例(引自赵娟娟等,2009)

模式	研究对象	样方面积或者取样量	分类对象
模式1:按面积成比例	城市公园	与面积成比例	不同类型的公园
模式2:乔灌草分开	废弃的城市森林	10 m×10 m样方	灌木
		2 m×2 m样方	地被
		20 m×20 m样方	乔木
	城市公园	2 m×2 m样方	灌木
		1 m×1 m样方	草本
		10 m×10 m样方	乔木
模式3:乔灌不分开,草本单列	城市公园	100 m²样方,公园面积的1%	乔灌
		4 m²样方,公园面积的0.2%	草本
模式4:根据异质性	城市庭院	2个样方	均匀分布的植物
		4个样方	非均匀分布的植物
模式5:根据自然性	城市植被	599 m²样方	居住区
		25 m×25 m样方,4个样方	半自然公园
		4个样方	自然森林
模式6:限定面积范围	城市植物生境	30 m×4 m～50 m×30 m样方	根据植物盖度或者生境类型确定具体的取样面积
模式7:分类型	城市森林	100%取样	小公园,办公楼,寺庙,小工业区或小商业区
		约160 000 m²	大公园
		10 000 m²	大商贸区
		约40 000 m²	居住区

（2）以调查单元为样方　这一方法可理解为全面调查法的一种，即确定了调查对象，则各个子调查对象则为一个样地。如 Zhang & Jim（2004）在对香港公共住宅区树木多样性调查时，以分布在全港的 102 个公共住宅区为研究对象，则每个公共住宅区可理解为 1 个样方；通过研究发现公共住宅区的物种分布与物种多样性、面积和住宅区年龄存在密切相关性。因此，在调查对象较为统一明确的情况下，建议采用该方法进行城市树木多样性的研究。

1.2　数据处理

1.2.1　数据类型

生态数据是生物信息与环境信息的具体体现，了解生态数据类型是分析生态数据的基础。一般而言，生态数据类型可分为名称数据、顺序数据、数量数据及矩阵数据。

（1）名称数据　是指利用 1、2、3…等数值或者 0 和 1 代表生态要素某个属性的不同状态，该类型数据在生态要素某种属性各状态中是随机的，地位是等同的，又可分为二元数据和随机多态数据。

1）二元数据。该数据类型用 0 或 1 表示，0 表示不存在，1 表示存在；如在种间关联研究中某物种出现在样方中的情况即可用 0 或 1 表示。

2）随机多态数据。含有 3 个及以上数码表示生态要素某个属性或者状态的数据称为随机多态数据。该数据仅标明属性或者状态的不同，不代表属性或者状态之间在数量上的差异；如不同的土壤类型。

（2）顺序数据　是指数据的各状态有大小的顺序，如以树木胸径大小依据，划分为几个等级，等级越高的则表示树龄越大。

（3）数量数据　是在生态学调查过程中实际测得的各类生物属性或环境数据，如树高、冠幅、土壤含水率、林层郁闭度等；这一类数据中还可以分为离散型数据和连续型数据。

（4）矩阵数据　是指出现 n 个样方（实体）中调查测定 m 个生态要素属性（环境因子）或物种指标的数据，因此可用一个 $m×n$ 维的矩阵表示；矩阵数据是在群落分类及排序中应用最多的一类。

1.2.2　数据预处理

在城市树木多样性研究的过程中，野外所获得的数据是最原始的，这些数据杂乱无章，而且还可能因为人为记录误差等导致数据的偏差，因此需要对数据进行整理和筛查，确保数据的准确性，从而发现数据内在的本质规律。

（1）异常数据剔除　一般先将所有数据录入相应的统计软件（多数采用 Excel），尤其是应对数量数据进行基本的统计量分析，对平均值、标准差、极值等进行观察分析。对于重复、特大、特小的异常数据进行剔除，如在样方中出现频率>95% 或<5% 的物种数据。

（2）数据转换　数据转换的目的主要是改变数据结构、缩小数据属性差异和减小样本在正态分布时的偏态。通过数据转换,可以使其更好地反映生态关系和事物的本质。一般数据转换有以下几种方式(刘秉儒,2019)。

1)平方根(立方根)转换。对所调查的数据采用平方根或立方根转换可以对方差进行降缩,从而获得同质的方差;变换也有利于满足效应可加性和正态性的要求。

2)对数转换。对原始数据取对数,在有 0 的情况下采用 lg(1+x) 的方式。一般而言,对数转换对于削弱大变数的作用要比平方根转换更强。

3)反正弦转换。转换的方法是求出每个百分数 p 的反正弦 $\sin^{-1}\sqrt{p}$,转换后的数值是以度为单位的十进制角度。

4)倒数转换。取原始数据的倒数,即 $1/x$ 转换可以使属性间的差异缩小。

(3)数据标准化 数据标准化是为了消除不同属性或样方之间的不齐性,或者使得同一样方内的不同属性之间或同一属性在不同样方内数据的方差减小。不同变量自身具有相差较大的变异时,会使在计算出的关系系数中,不同变量所占的比重大不相同。数据标准化常用的方式有以下几种。

1)数据中心化。将原始数据减去平均值,即

$$x' = x - \mu$$

2)离差标准化。中心化的数据再除以离差,即

$$x' = \frac{x - \mu}{\sqrt{\sum_{j=1}^{N}(x - \mu)^2}}$$

3)数据正规化。标准差进行标准化,即

$$x' = \frac{x - \mu}{\sqrt{\dfrac{\sum_{j=1}^{N}(x - \mu)^2}{N-1}}}$$

4) z-score 标准化。亦称标准差标准化,经过处理的数据的均值为 0,标准差为 1,即

$$x' = \frac{x - \mu}{s}$$

其中:

$$s = \sqrt{\frac{1}{N-1}\sum_{i=1}^{N}(x - \sigma)^2}$$

式中,x 表示原始数据;x' 表示中心化后的数据;μ 表示原始数据的平均值;s 为标准差。

经过标准差标准化后,数据都是没有单位的纯数量;对变量进行的标准差标准化可以消除量纲(单位)影响和变量自身变异的影响(刘秉儒,2019)。

1.3 分析方法

1.3.1 树木区系

缺乏种、属多样性的城市树木组成结构是不健康的,人类在城市森林发展的过程中

也已吸取到深刻的教训(Kendal et al.,2014)。为了拥有健康和可持续的城市树木种群,城市树种和属的高度多样性已被高度重视(Ossola et al.,2020)。城市化进程带来的各种生态问题,为疾病暴发、病虫害入侵等提供了温床。因此,有学者提出了在同城市域内,科、属、种各级单位构成的个体数,单个科不超过30%,单个属不超过20%,而单个种不超过10%(Sjöman et al.,2011);亦有学者认为单个树种不应超过5%(Moll,1989)。国内城市森林群落结构常呈单一化的现象,物种组成简单。以上海市为例,中心城区物种数小于5的植物群落出现频率最高;外环林带群落中乔木层或灌木层的平均物种数均小于4;不同居住区的共有物种数无显著差异,并且存在均质化现象(罗心怡等,2021)。因此,研究城市树木多样性的第一步即从分类单元上了解研究区域树木的"科-属-种"的结构,这种对城市树种的选择具有重要的指导意义(图1-1)。对树木区系的研究一般包括:

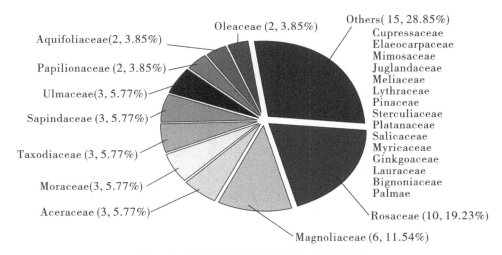

图1-1　某地居住区树木分类单元组成结构

(引自 Xie et al.,2021)

(1)根据调查的目的与意义,在所调查的区域内获取树木的清单,包括分类单元信息、个体数量等。

(2)树种鉴定。对野外调查无法确定的物种,应采集标本或通过数码拍照等方式进行留存比对(谢春平,2016);另外植物智平台(http://www.iplant.cn/)提供了较为丰富的植物图片资源可供参考。

(3)分类单元归类梳理。应确定分类系统,如哈钦松系统、恩格勒系统、克朗奎斯特、APG系统等。一旦确定后,所有物种的科属归类即参照该系统进行统计。常见的错误,如将八角(*Illicium verum*)归为广义木兰科(Magnoliaceae),但又将槐树(*Sophora japonica*)归为蝶形花科(Papilionaceae),这就是典型的分类系统混用。

(4)区系图谱构建。目前许多学者采用吴征镒中国种子植物科、属区系分析的方法分析城市树木区系组成结构,这一应用虽然存在批评的声音(朱华,2007),但笔者认为通过对整体城市植物区系的了解,可知该区域在长期种植过程中园林工作对树种的选择及树种对环境的适应性,仍然具有很强的指导意义(王贤荣和谢春平,2006)。

（5）邻近城市树木区系的比较。在气候条件相似的邻近城市，可通过不同树木组成差异的比较，为目标城市树木多样性的丰富提供引种参考（Sæbø et al.，2005）。城市树木名录包含有价值的本地信息，例如少量使用的稀有物种；如果可以获得，这些信息可以帮助增加很少使用的物种的数量，从而增加城市树木种群的多样性（Raupp et al.，2006）。

1.3.2　重要值

重要值（importance value，IV）最早由美国学者 Curtis 和 McIntosh 在研究威斯康星州边境森林时提出，包括相对多度、相对频度和相对优势度 3 个主要指标（Curtis & McIntosh，1951）。重要值是一种反映某个物种在森林群落中作用和地位的综合数量指标，是应用最广的物种特征值，它不仅可以表现某一种群在整个群落中的重要性，而且可以指出种群对群落的适应性。某一植物的重要值越大，表明该植物在研究区中的优势越大（图 1-2）（谢春平等，2011）。

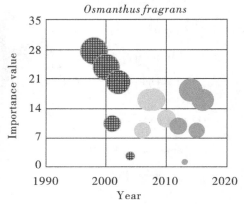

图 1-2　某地居住区优势树木重要值在不同年代的变化特征

（引自 Xie et al.，2021）

在植被生态学中应用最广泛的 IV 测度方法存在不少值得探讨的理论和实践问题，这些问题主要表现为公式构建中对几个相对值指标选取的随意性，业已使用的 IV 计算公式及统计方法使得 IV 相对性太强，信息含量不足，群落内物种的可比性被弱化或丧失。有学者提出了一些相应改进建议为：①强化不同 IV 计算公式的生态学意义，赋予它们严格种群生态、群落生态内涵界定，针对不同的群落类型创建最适 IV 公式；②在同一群落研究中各层次的 IV 计算应尽量使用同一公式，避免指标选取的随意性所造成的人为误差；③应将 IV 的分层统计方法改为群落整体统计方法；④在 IV 计算公式中加入能反映物种实际生长状态的因子参数，以消除样方内物种 IV 大小与样方内物种数量存在密切负相关关系的效应（王育松和上官铁梁，2010）。

在城市树木多样性研究中，重要值也被作为一个关键性评价指标获得了广泛的应用（Xie，2017；Lee et al.，2021），通过重要值直观地了解物种在城市植物群落中的地位与重要性。主要的计算公式如下：

（1）公式一（Zhang & Jim，2014）

$$重要值\ IV = (相对多度\ RA + 相对频度\ RF + 相对优势度\ RD)/3$$

（2）公式二（Welch，1994；Wood et al.，2020）

$$重要值\ IV = (相对多度\ RA + 相对优势度\ RD)/2$$

其中：

相对多度 RA =（某一种树种的个体总数/同一生活型植物个体总数）×100

相对频度（RF）=（某一树种的频度/所有种的频度总和）×100

相对显著度（RD）=（某一树种胸高断面积之和/所有树种的胸高断面积总和）×100

在公式二中，未包含频度因子是基于城市环境较为一致，不考虑样地对物种分布的影响（Wood et al. ,2012；刘大伟等,2020），因此该式在城市树木研究中也逐渐被采用。上述两个重要值公式主要针对乔木，在对灌木重要值计算时可将"相对显著度"中的胸高断面积用盖度或株高等进行替代。

在这里需要强调的是，虽然频度不一定参与重要值的计算，但单独分析频度因子也具有较大的现实意义，因为频度越高的物种说明其对城市环境的适应性越强，同时也反映出城市管护工作对树种的选择。

1.3.3　多样性指数

生物多样性一般包括基因水平、物种水平、生态系统水平和景观水平四个层次（马克平,1994）。对于城市树木多样性研究而言，多从宏观的物种水平进行评价分析。生物多样性是人类生存的基础，但当前城市生物多样性的保护却存在一些问题：如在城市建设的过程中，一方面破坏了动植物栖息的自然生境，并建造了许多新的特化生境；另一方面摒弃了大量原有的乡土物种，又引进了许多外来物种，这必然导致城市及其郊区生物多样性的失衡（陈波和包志毅,2003；钟乐等,2021）。近些年的研究表明，在城市化进程的主导下世界许多地区的城市实际上比农村环境中的物种多样性更丰富，城市已经成为物种多样性集中的热点地区（Knapp et al. ,2008a）。形成这一局面的主要原因有：①许多城市在地质和结构异质的景观中发展起来；②城市本身是高度结构化的；③城市热岛效应为低温限制分布的物种提供了进入的机会；④外来和本地物种往往被引入城市化地区（Knapp et al. ,2008b）。

多样性指数已成为衡量城市森林结构健康与否的一个重要指标，多样性指数低、群落组成结构不合理的城市绿地是不可能长期稳定发展的。保持城市森林树种多样性的较高水平，不仅在改善城市生态环境方面具有重要意义，而且对丰富城市景观，促进区域社会、经济、文化、环境等方面的可持续发展具有重要意义（谢春平,2017）。当前有许多评价城市森林结构树种多样性的指数可供选用（Thukral,2017），但复杂、最流行的方法不一定是最好的方法。由于物种多度包含了多个方面的信息，因此常用的多样性指数均是一个统计量，主要考虑生物丰富度和均匀度的信息，不同的公式各有所侧重（张青田和胡桂坤,2016）。

在评估城市树木多样性时，建议采用以下 4 种多样性指数（Simpson,1949；Pielou,1966；Magurran,1988；Grunewald & Schubert,2007）。

（1）Shannon 指数

$$H = - \sum_{i=1}^{s} P_i \ln P_i$$

（2）Simpson 指数

$$D = 1 - \sum_{i=1}^{s} \frac{n_i(n_i - 1)}{N(N - 1)}$$

（3）Margalef 指数

$$R = \frac{(S-1)}{\ln N}$$

（4）Pielou 指数

$$J = \frac{H}{\ln S}$$

式中，$P_i = n_i / N$；S 为调查区域内的树木物种数；n_i 为树种 i 的个体数；N 为全部种的个体种数。

上述 4 种指数中，Shannon 指数应用得最为广泛，也最能被多数学者所接受。该指数实际包含两层意思，即物种数和各种间个体分配的均匀性。各种之间，个体分配越均匀，H 值就越大；如果每一个体都属于不同的种，多样性指数就最大，如果每一个体都属于同一种，则其多样性指数就最小。其他指数也都有具体的指示意义，这在实际应用中可结合研究目的进行选用或横纵比较使用（图1-3）。

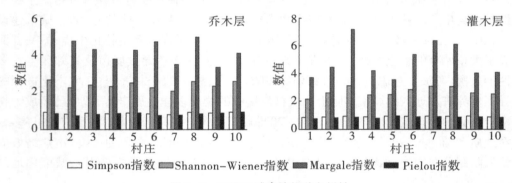

图1-3　不同区域庭院物种多样性

（引自谢春平等，2019a）

1.3.4　种间关联

不论是何种类型的群落，群落内各物种之间必然有一定的关联性，亦或有相近的生物学与生态学特征，亦或是对某一环境资源的相似性利用等，而种间关联即是这种关系的具体体现；因此，种间关联不仅是群落数量和结构指标的体现，也为群落分类提供了可靠的依据。种间关系还是物种对环境的适应及环境对物种反作用力的体现，它能够清楚地体现物种在群落中的分布格局与地位，这在一定程度上对

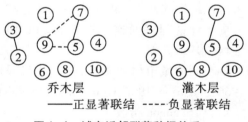

图1-4　城市近郊群落种间关系

（引自谢春平和赵浩彦，2017）

了解物种在群落中的优势地位、正确认识群落结构、功能和演替趋势具有重要意义（图1-4），进而对物种进行相应的经营管理具有重要的指导意义（谢春平和赵浩彦，2017）。

对于城市森林结构的早期阶段，由于人为管护等干预措施强烈，种间关系的体现不明显，或者并不存在实际的研究意义。但随着群落进一步郁闭发展，人为干预减少，群落开始朝着自然方向发展,以公园、防护林带、绿化带等较为明显。其次,在群落发展的过程中,林下灌木种类和种群数量也发生了相应的变化,这对城市抗性强树种的选择具有积极意义。

常用来衡量种间关系的指数有 x^2 检验、联结系数(AC)、共同出现百分率(PC)、Pearson 相关系数、Spearman 秩相关系数等(谢春平等,2021a)。

(1)x^2 检验　利用 x^2 检验来判断种间关联与否:假设种 A 和 B 相互独立,通过 x^2 值来检验这一假设,其 Yates 的连续纠正公式为:

$$x^2 = n[\,|ad-bc|-0.5n\,]^2/[\,(a+b)(a+c)(b+d)(c+d)\,]$$

式中,a、b、c、d 分别表示 A、B 两个种在样地中出现的情况,即 a 为同时出现,b 为只有物种 B 出现,c 为只有 A 出现,d 为物种 A 与物种 B 均不出现。

(2)联结系数(AC)　当 $ad \geqslant bc$ 时,$AC = (ad-bc)/[(a+b)(b+d)]$;当 $bc>ad$ 且 $d \geqslant a$ 时,$AC = (ad-bc)/[(a+b)(a+c)]$;当 $bc>ad$ 且 $d<a$ 时,$AC = (ad-bc)/[(b+d)(d+c)]$。

(3)共同出现百分率(PC)　为避免因 d 值所产生的 AC 偏差,利用 PC 来测定种间联结程度,其表达式为:

$$PC = a/(a+b+c)$$

联结系数(AC)及共同出现百分率(PC)中的 a、b、c、d 与 x^2 检验公式的含义相同;同时,为避免分母为 0 而出现无法计算的情况,将 b 和 d 值加权为 1,以获得较为客观的结果。

(4)Pearson 相关系数

$$r_p(i,j) = \frac{\sum_{k=1}^{N}(x_{ik}-\bar{x_i})(x_{jk}-\bar{x_j})}{\sqrt{\sum_{k=1}^{N}(x_{ik}-\bar{x_i})^2 \sum_{k=1}^{N}(x_{jk}-\bar{x_j})^2}}$$

式中,N 为样方数目;x_{ij} 和 x_{jk} 分别是种 i 和种 j 在样方 k 中的重要值,它们分别组成两个向量 x_i 和 x_j;$\bar{x_i}$ 和 $\bar{x_j}$ 分别是种 i 和种 j 在所有样方中重要值的平均值。$r_p(i,j)$ 值域为 $[-1,1]$,值域两端分别表示相关性的正负。

(5)Spearman 秩相关系数

$$r_x(i,j) = 1 - \frac{6\sum_{k=1}^{N}(x_{ik}-\bar{x_i})^2(x_{jk}-\bar{x_j})^2}{N^3-N}$$

式中,N 为样方数目;x_{ik} 和 x_{jk} 分别是种 i 和种 j 在样方 k 中的秩。

1.3.5　种群结构与动态

种群的结构及数量动态变化不仅体现了种群大小或不同生长阶段的数量变化情况,也反映了种群的结构现状、繁殖策略及未来命运。因此,种群生态学的研究已成为众多研究学者关注的热点。目前,国内外学者对种群生态学的研究多数集中在种群年龄结构、空间分布格局、种群竞争、种群更新、生活史、数学模型等方面(Ossola & Hopton,2018;

Hilbert et al. ,2019）。对于长寿命的木本植物而言,种群的立木级结构、静态生命表、存活曲线、死亡率曲线、消失率曲线等是目前研究种群最常用的方法,它们能够充分有效地反映种群的现状和对种群未来的发展做出一定的预测（图1–5、图1–6）,已成为研究种群动态的经典方法（谢春平等,2018）。

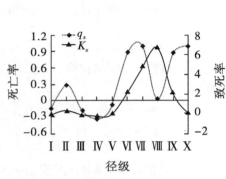

图1–5 城市近郊马尾松种群死亡率及
致死率曲线
（引自谢春平,2012）

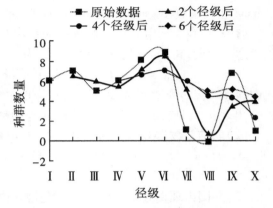

图1–6 城市近郊马尾松种群数量动态的时
间序列预测
（引自谢春平,2012）

（1）种群结构划分 根据研究调查的情况,"以空间代替时间"的方法,依据胸径（D）大小划分为若干等级,如:$D \leqslant 2$ cm 的为Ⅰ级,为幼苗,2 cm<$D \leqslant 5$ cm 的为Ⅱ级,为幼树,5 cm<$D \leqslant 10$ cm的为Ⅲ级,10 cm<$D \leqslant 15$ cm 的为Ⅳ级,15 cm<$D \leqslant 20$ cm 的为Ⅴ级,20 cm<$D \leqslant 25$ cm 的为Ⅵ级,剩余部分划分为Ⅶ级等。

（2）静态生命表编制 静态生命表是特定时间段内各个龄级种群数量关系的反映,它不仅体现了种群在各个龄级上所具有的数量特征,更是通过这种数量关系反映出种群在出生率、死亡率等相关方面的信息,为综合判断种群现状提供了有效的手段。生命表最关键的原始数据为 a_x,其余相关指标由以下函数式求得:

$$l_x = a_x/a_0 \times 1000 \quad d_x = l_x - l_{x+1} \quad q_x = d_x/l_x \quad L_x = (l_x + l_{x+1})/2$$

$$T_x = \sum_{x}^{\infty} L_x$$

$$e_x = T_x/l_x \quad K_x = \ln l_x - \ln l_{x+1}$$

式中,x 为单位时间年龄等级的中值;a_x 为在 x 到 $x+1$ 龄级内现有个体数;l_x 为在 x 龄级开始时标准化存活个体数（一般转化成 1000）;d_x 为从 x 到 $x+1$ 龄级内标准化死亡数;q_x 为从 x 到 $x+1$ 龄级间隔期死亡率;L_x 为从 x 到 $x+1$ 龄级间隔期间还存活的个体数;T_x 为从 x 龄级到超过 x 龄级的个体总数;e_x 为进入 x 龄级个体的生命期望寿命;K_x 为各年龄组致死力。

（3）时间序列预测分析

$$M_t = \frac{1}{n} \sum_{k=t-n+1}^{t} X_k$$

式中,n 表示需要预测的未来时间年限;M_t 表示未来 n 年时 t 龄级种群大小;X_k 为当前 k

龄级的种群大小。

（4）种群动态分析（陈晓德，1998）　在无外部干扰时的植物种群年龄结构的数量变化动态指数：

$$V_{pi-1} = \frac{1}{\sum\limits_{n=1}^{K-1}(S_n)} \sum\limits_{n=1}^{K-1}(S_n \cdot V_n)$$

随机干扰时植物种群年龄结构数量变化动态指数：

$$V_{pi-2} = \frac{\sum\limits_{n=1}^{K-1}(S_n \cdot V_n)}{K \cdot \min(S_1,S_2,S_3,\cdots,S_K)\sum\limits_{n=1}^{K-1}(S_n)}$$

式中，子项为 $V_n = \dfrac{S_n - S_{n+1}}{\max(S_n,S_{n+1})} \times 100\%$，$S_n$ 与 S_{n+1} 分别为第 n 与第 $n+1$ 年龄级种群个体数，$\min(\cdots)$ 分别表示取括符中数列极小值。

1.3.6　群落分类

作为一种有效的分类手段，数量分类方法为简化地描述植物群落复杂性提供了有效途径，以便更加客观、准确地阐述群落之间的相似或相异性并分划为不同的类型（熊咏梅等，2008）。因此，多数分类方法首先要求计算出实体间或属性间的相似（或相异）系数，再以此为基础把实体或属性归并为组，使得组内成员尽量相似，而不同组的成员则尽量相异；不同的分类方法只是进行此项工作的不同实现过程（张金屯，2011）。

（1）仅适合二元数据的相似关系　以 0、1 为物种共同存在与否关系的相似性指数有数十个之多，最常用的是 Jaccard 系数、Sørensen 系数、Ochiai 系数等。

1）Jaccard 系数

$$S_j = a/(a+b+c)$$

2）Sørensen 系数

$$S_c = 2a/(2a+b+c)$$

3）Ochiai 系数

$$S_o = a/\sqrt{(a+b)(a+c)}$$

式中，a、b、c 分别表示 A、B 两个物种在样地中出现的情况，即 a 为同时出现，b 为只有物种 B 出现，c 为只有物种 A 出现。

（2）可用于二元数据和数量数据的相似关系　从原始数据矩阵 $X = \{x_{ij}\}$ 出发，x_{ij} 和 x_{ik} 分别代表第 i 个种在第 j 个和第 k 个样方中的观测值，同样用 r_{jk} 代表样方 j 和 k 间的相似系数，而用 d_{jk} 表示 2 样方间的相异系数（郭水良等，2015）。常用的相似性系数有欧氏距离、Bray-Curtis 距离等。

1）欧氏距离。

$$d_{jk} = \sqrt{\sum_{i=1}^{p}(x_{ij}-x_{ik})^2}$$

2）Bray-Curtis 距离。

$$d_{jk} = \frac{\sum\limits_{i=1}^{p} |x_{ij} - x_{ik}|}{\sum\limits_{i=1}^{p} |x_{ij} + x_{ik}|}$$

式中,$i=1,2,\cdots,p$;p 为种数;$j=k=1,2,\cdots$。

（3）聚类分析　聚类（Clustering）就是一种寻找数据之间内在结构的技术,将杂乱无章的数据进行深度挖掘,获取数据之间的规律。因此,聚类把全体数据实例组织成一些相似组,而这些相似组被称作簇;处于相同簇中的数据实例彼此相同,处于不同簇中的实例彼此不同。一般聚类分析有如下步骤:①计算样方间相异系数矩阵 D,建立相异系数矩阵;②选相异系数最小的两个样方 A 和 B,首先合并为一组;③再计算该样方组 A+B 与其他样方或样方组间的距离;④回到第 2 步,选距离最小的两个样方或两个样方组或一个样方和一个样方组进行合并。重复以上计算过程,直到所有的样方合并为一组（张金屯,2011;郭水良等,2015）。在这过程中欧式距离最为常用（图1-7）。

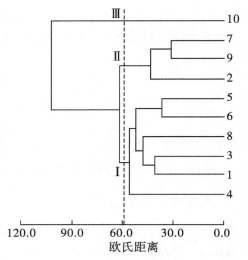

图1-7　基于欧氏距离-非加权组平均法的群落聚类
（引自谢春平等,2018）

在具体的聚类过程中,可选用最近邻体法、最远邻体法、中值法、形心法、组平均法、离差平方和法和可变聚合法等（徐克学,1994）。通过不同方法得出的结果,从而获得最好的聚类解释。此外,一般数据分析软件提供了多种聚类方法可供选择,具体操作在下一章中做详细讲解。

1.3.7　排序

在城市森林植被也会存在着明显的生境差异,如城乡梯度变化、绿地类型变化等,植被与环境的相关性需要得到充分的解释,因此排序是很好的一种方法。排序（ordination）是研究植被连续变化的方法,是指用数学的方法将样方或植物种排列在一定的空间,使得排序轴反映一定的环境梯度,从而解释植物物种及植物群落的分布与环境之间的关系（Virtanen,2010）。

基于样方单元的生物群落调查数据是生物多样性研究中最基本的数据类型之一。每个样方内通常包含很多物种（或环境因子）的数量信息。这样的原始数据常用多元数据矩阵来表示,一般是一行代表一个样方,一列代表一个物种（或环境因子）。样方、物种和环境因子数据结构特征以及它们之间的关系,是群落生态学研究的主要内容。以研究样方之间的关系为例,如果每个物种作为一个维度,有多少个物种就代表多少维度,那么这些样方可以被当作多维空间的点的集合。如果所有样方只有 2 个物种存在,可以直接用二维平面上的散点图来描述所有样方之间的关系。但样方内物种数通常超过 2 个,如果绘制所有物种组合下的平面散点图,是非常庞大的工作量。比如,一个包括 10 个物种的矩阵,可以用 45 个(组合 C_{10}^2)二维散点图来展示样方之间的关系。但同时观测 45 张平面散点图,既看不出数据的主要结构,也看不清楚样方之间的关系。排序的过程就是在一个可视化的低维空间(通常是二维)重新排列这些样方,使得样方之间的距离最大程度地反映出平面散点图内样方之间的关系信息。此时,低维空间的排序轴不再是代表具体某个物种,而是虚拟的排序轴,反映一定的生态环境因子梯度。排序运算过程实际上就是降维的过程,降维过程中不可避免地会丢失信息,好的排序方法就是使降维过程中信息损失尽可能减少(赖江山,2013)。

排序法分为间接排序法和直接排序法两种,前者只使用物种数据,需要进一步分析各排序轴的生态学意义,主要包括极点排序(polar ordination,PO)、主成分分析(principal component analysis,PCA)、对应分析(correspondence analysis,CA)、除趋势对应分析(detrended correspondence analysis,DCA) 和非度量多维测度法(non - metric multidimensional scaling,NMDS);后者同时使用物种与环境因子两种数据,排序轴的生态学意义一目了然,结果解释更加清晰,主要包括冗余分析(redundancy analysis,RDA)、典范对应分析(canonical correspondence analysis,CCA) 和除趋势典范对应分析(detrended canonical correspondence analysis,DCCA)(段后浪等,2017)。下面挑选目前最为常用的几种排序方法进行简要介绍:

（1）主成分分析(PCA)　主成分分析是对原先提出的所有变量,将重复的变量删去多余,建立尽可能少的新变量,使得这些新变量是两两不相关的,而且这些新变量在反映对象的信息方面尽可能保持原有的信息,即在大量属性数据中,找出几个主要方面(即主成分),从而使一个多属性的复杂问题化为比较简单的问题。其方法主要是通过对协方差矩阵进行特征分解,以得出数据的主成分与它们的权值。因此,利用主成分分析,可以从烦琐错杂的事物关系中找到一些可提供研究的主成分信息,从而整合大量统计数据,实现有效利用数据做出定量分析、揭示出变量与变量之间的内在关系的效果(图 1-8)(谢春平等,2019;Xie et al. ,2020)。对于主成分分析的计算步骤主要包括:

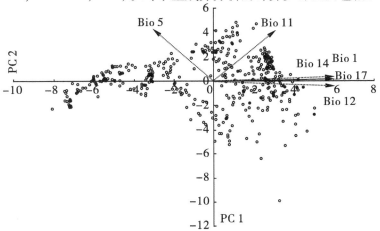

图 1-8　19 个生物气候指数的主成分分析

(引自 Xie et al. 2020)

1）对原始数据标准化。

2）计算指标间的内积矩阵。

3）求内积矩阵的特征根。

4）求特征根所对应的特征向量。

5）求排序坐标轴矩阵。

6）求属性的负荷量。

（2）非度量多维测度法（NMDS）　常规的排序方法适用于具有线性结构的数据分析，而复杂的生态学数据集，更常呈现出非线性关系。排序结果常通过一维排序图来表示实体间的关系，在如此低维的空间上常难以充分反映这些实体的生态学关系，造成大量生态学数据信息的损失。在适用非线性结构数据的排序方法中，非度量多维测度法被认为是一种较有效的可取方法（Tsuyuzaki,2019;Hou et al. ,2019）。

NMDS 思想为使用尽可能少的排序轴（通常是2~3 轴）充分展示主体间的相对位置，运用在植物群落学中即是通过尽可能少的排序轴展示植物不同种类间或样地间的相对关系（图1-9）。对植物群落结构进行 NMDS 分析时，首先需要计算各个样本之间的距离系数矩阵，一般使用 Bray–Curtis 距离指数；然后基于这个系数矩阵，对两两样本之间的距离大小进行排序，并列出秩序表。根据秩序表就能在二维图上展示不同样本之间的相对关系，因此 NMDS 是一类对极值不太敏感的统计方法（邓建明等,2016）。对于非度量多维测度法的计算步骤主要包括：

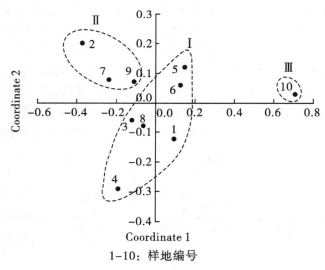

1-10：样地编号

图1-9　10个群落的非度量多维测度排序

（引自谢春平等,2018）

1）计算样本间的距离系数，构成 $N×M$ 维距离矩阵。

2）给出初始排序坐标值 y。

3）根据 m 维排序坐标计算样本间欧式距离矩阵，并构成距离平方矩阵。

4）计算连续性指数 K。

5）调整坐标值,继续迭代过程。

（3）对应分析和除趋势对应分析（CA & DCA）　对应分析的本质是一种在低维空间中用图形方法表示联系的技术;可以将它看作是一种标度变换法,也可看成是诸如多维标度变换和双重信息图这类其他方法的补充。对应分析与主成分分析和正则相关分析也有联系;对应分析最大特点是能把众多的样本和众多的变量同时作到同一张图解上,将样本的大类及其属性在图上直观而又明了地表示出来,具有直观性（刘照德和林海明,2018）。

设原始数据阵 $X=(x_{ij})_{n\times p}$,$x_{ij}(>0)$ 是第 i 个样本第 j 个变量的观测值;n 为样品个数;p 为变量个数,对 X 作对等性变换,得数据阵 $Z=(z_{ij})_{n\times p}$,这里 $z_{ij}=(x_{ij}x_{i.x.j}/x..)/(x_{i.x.j})^{1/2}$,$x_{i.}=\sum_{j=1}^{p}x_{ij}$,$x_{.j}=\sum_{j=1}^{n}x_{ij}$,$x_{..}=\sum_{j=1}^{n}\sum_{j=1}^{p}x_{ij}$,由 R 型和 Q 型因子分析的因子载荷阵 A_R,A_Q,用同一因子坐标系,将变量和样本同时反映在因子坐标轴的坐标系图中,由此依据变量、样本的接近程度,揭示变量之间、样本之间、变量与样本之间的关系（图1-10）（Greenarce,1984）。

由于对应分析会产生"弓形效应",对排序的精度产生影响,为克服此缺点而提出了除趋势对应分析（Hill,1980）。"弓形效应"影响第二排序轴而不影响第一排序轴,所以 DCA 第一轴的计算与 CA/RA相同。对于除趋势对应分析的计算步骤主要包括（张金屯,2011）：

1）任意选定一组样方排序初始值。

2）求种类的排序值 y_i（$i=1,2,\cdots,P$）,其为样方初始值的加权平均。

3）计算样方排序新值 z_j（$j=1,2,\cdots,N$）。

4）对 y_i 进行标准化。

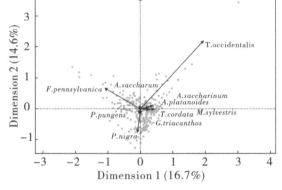

图1-10　城市树木对学生成绩影响的 CA 分析
（引自 Sivarajah et al.,2018;此时以学生为样本,以树木为环境因子）

5）以标准化后样方排序值为基础回到第2）步重新迭代,得到稳定的值。

6）求第二排序轴。

先任选一组样方排序初始值,再计算种类排序值,然后再计算出样方新值,这里不需要进行正交化,取而代之的是除趋势。即将第一轴分成数个区间,在每一区间内对第二轴的排序值分别进行中心化。用经过除趋势处理的样方排序值,再进行加权平均求种类排序新值。其后步骤同第一轴。

（4）典范对应分析（CCA）和除趋势典范对应分析（DCCA）　典范对应分析能在由环境因子特征变量构成的空间上,对环境变量和物种等排序作图,在同一排序图上反映群落、生物种类与环境三者或两者间的关系,是分析生物群落与环境因子间复杂关系的有效工具（王华等,2016）。CCA 可将研究对象排序和环境因子排序表示在一个图上,可以直观地看出它们之间的关系,环境因子用箭头表示,箭头所处的象限表示环境因子与排序轴之间的正负相关性,箭头连线的长度代表着某个环境因子与研究对象分布相关程度的大小,连线越长,代表这个环境因子对研究对象的分布影响越大(图1-11);2个箭头之间的夹角大小代表着2个环境因子之间相关性的大小,夹角越小,相关性越大;箭头和排序轴的夹角代表着某个环境因子与排序轴的相关性大小;CCA能够结合多个环境因子一起分析,从而能够更好地反映研究对象与环境之间的关系(岳跃民等,2008)。

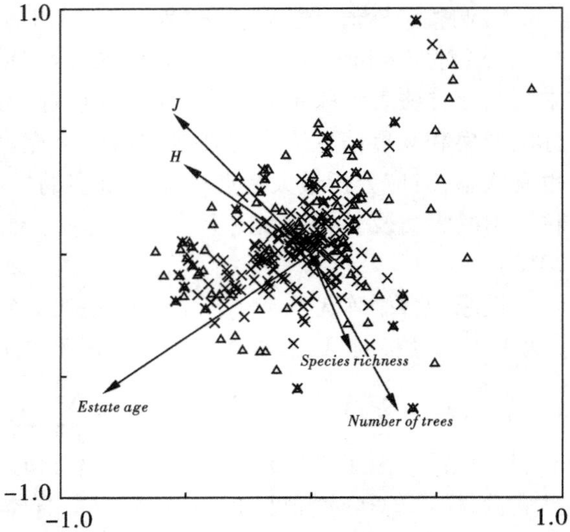

图1-11　CCA所示树种与环境之间的相关性
(引自 Chau et al.,2020)

对于典范对应分析的计算步骤主要包括:

1)任意选取一组样方初始值。

2)用加权平均法求种类排序值。

3)再用加权平均法求新的样方排序值,我们将这一样方坐标记为 z_j^*(j = 1,2,…,N)。

4)用多元回归法计算样方与环境因子之间的回归系数 b_k,这一步是普通的回归分析。

5)计算样方排序新值 z_j(j = 1,2,…,N)。

6)对样方排序值进行标准化。

7)回到第2)步,重复以上过程,直至得到稳定值为止。

8)求第二排序轴,与第一排序轴一样,进行1)~4)步。

9)计算环境因子的排序坐标。

10)排序的图形表示。

1.3.8　综合分析方法

(1)层次分析法　层次分析法(analytic hierarchy process,AHP)是一种将定性与定量分析方法相结合的多目标决策分析方法;该法的主要思想是通过将复杂问题分解为若干层次和若干因素,对两两指标之间的重要程度作出比较判断,建立判断矩阵,通过计算判断矩阵的最大特征值以及对应特征向量,就可得出不同方案重要性程度的权重,为最佳方案的选择提供依据(郭金玉等,2008;谢春平等,2019b)。层次分析法一般分为3个步骤,分别是构建评价模型、建立判断矩阵和确定指标权重以及赋值各指标进行综合评价。该方法可用于城市生态评价(陆培志,2018),城市树木引种评价(谢春平等,2019b),城市森林健康(翁殊斐等,2009)等城市树木多样性保育研究方面。具体方法与过程在实践篇章中介绍。

(2)灰色关联分析　灰色系统理论的研究对象是部分信息已知,部分信息未知的小样本、贫信息不确定性系统;它是对一个系统发展变化态势定量描述和比较,其实质是在不完全信息中,对所要分析研究的各个因素,通过一定的数据处理,找出它们的关联性,发现主要矛盾,找出主要特性、主要影响因素和影响程度(赵琳等,2016)。因此,在客观系统中,灰色系统分析可较为真实和全面地反映人们对客观系统的实际认识程度,不但可以得到定性分析结果,还可以给出定量结果。由于灰色系统模型对实验观测数据及其分布并没有特殊的限制或要求,它已在工业、农业、环境、生态等众多科学领域成功地解决了生产生活和科学研究中的许多实际问题,获得了广泛的应用。以引种增加城市树木多样为例(谢春平等,2021b):一方面原产地的气候信息是已知的,但另一方面目标引种地的信息对于引种植物来说又是未知的。因此,可将原产地与拟引种的目的地的气候环境当作一个灰色系统进行研究。诸如此类的研究还可以推广到城市树木多样性研究的其他领域,具有广泛的应用前景。具体方法与过程在实践篇章中介绍。

▶ **本 章 小 结** ◀

　　本章对城市树木多样性研究常用的方法进行了系统阐述,分别对取样、数据分析和分析方法进行了梳理。本章重点对当前城市树木多样性的研究方法进行了介绍,包括树木区系、多样性指数、种间关联、种群结构与动态、群落分类、群落排序和其他综合分析方法,这些均是获得广泛认可的研究方法,为后文的实证研究建立了分析框架。城市树木多样性调查的取样主要包括简单随机取样、分层随机取样和全面调查 3 种主要方法,3 种方法各有优劣,但全面取样获得的结果更为准确。样方设置可根据不同的植被类型进行,但在调查对象较为统一的情况下推荐以单元调查样方为主的调查方式。在介绍调查数据类型的同时,提出了数据预处理的方法,包括别除异常数据、数据转换和数据标准化,其中数据中心化和 z-score 标准化是较为常用的数据标准化的方法。

第 2 章　PAST 软件在城市树木多样性研究中的应用

工欲善其事,必先利其器。数据是城市树木多样性研究的基石,所有结论都必须基于数据说话。面对庞大而繁杂的生态学数据必须借助一定的方法和工具对其进行分析处理,从而发现数据的内在规律和其中的因果关系,最终获得可靠的科学结论。本章将以 PAST 4.11 软件为主线,对其所含主要数据处理、数据分析、绘图等功能进行介绍。

2.1　PAST 软件概述

2.1.1　为什么选 PAST

在各类生态学软件层出不穷的今天,Canoco(Canonical Community Ordination)、MVSP(MultiVariate Statistical Package)、NTSYS(Numerical Taxonomy and Multivariate Analysis System)、R Package 等已经广泛应用在各类生态学研究中,获得高度认可;但上述软件要么存在付费、操作烦琐、界面复杂,要么需编程语言基础等问题。针对国内学者(尤其是广大研究生)需要的是免费、简单、易学的生态学软件,特别是不必担心因为软件版权问题而在国际上发文被拒。因此,PAST 软件兼具了上述优点。

有意思的是,PAST 开发的初衷是为了古生物学的数量研究,并非是专门的生态学统计软件;但该软件已兼具数据操作、绘图、单变量和多变量统计、生态分析、时间序列和空间分析、形态测量学和地层学的功能的一个综合型软件,并逐渐受到许多学者的青睐(Hassan,2018)。

2.1.2　PAST 的历史及现状

PAST 软件最早可以追溯到 20 世纪 80 年代,当时为了解决古生物学家无法获得和使用适当的数据分析软件的问题。许多古生物学家在对他们自己的数据进行定量统计分析方法时犹豫不决。于是 1980 年代开发了"PALSTAT 程序",以尽量减少这种障碍,为学生提供一个连贯的、易于使用的软件包,支持广泛的算法,同时允许亲身体验定量方法。第一个 PALSTAT 版本是为 BBC 微机编程的,而后来的修订版是为 PC 机设计的。融合了单变量和多变量统计以及古生物学和生态学的其他绘图和分析功能,PALSTAT 在古生物学家和生物学家中获得了广泛的用户基础(Hammer et al.,2001;Hammer ø & Harper,2008)。

然而,经过几年的推广应用后,PALSTAT 显然必须进行重大修改。基于 DOS 的用户界面和为内存极小的计算机设计的结构正在成为大多数用户的障碍。另外,在过去的近二十年里,定量古生物学领域发生了很大的变化和扩展,需要实施许多新的算法。因此,在 1999 年,PALSTAT 软件开发团队决定完全重新设计这个程序,保留总体概念,但不关心原始的源代码。新的程序被称为 PAST(PAleontological STatistics),它充分利用了 Windows 操作系统的优势,具有现代的、基于电子表格的用户界面和大量的图形。大多数 PAST 算法自动产生图形输出,高质量的数字可以打印或粘贴到其他程序中。随着标准 PAST 工具箱中重要算法的加入,其功能得到了极大的扩展。在 PAST 中新增了 PALSTAT 中没有的功能包括(但不限于)带有族谱图的解析分析、去势对应分析、主坐标分析、时间序列分析(频谱和自相关)、几何分析(点分布和傅里叶形状分析)、通过非线性函数建模和使用单元关联法的定量生物地层学。

PAST 的主要思想之一是在该软件中包括许多功能,同时提供一个一致的用户界面。这就最大限度地减少了每次接触新方法时寻找、购买和学习新程序的时间。PALSTAT 的一个重要方面是包含了案例研究,包括旨在说明算法可能用途的数据集。通过这些例子的学习,使用者能够以一种非常有效的方式获得不同方法的实际概况。因此,在 PALSTAT 的一些研究案例也一并被调整并包括在 PAST 中,而且为了展示新的功能,还增加了新的案例研究。这些案例研究主要是作为古生物学数据分析课程的学生练习而设计的。PAST 程序、文档和案例研究均是免费提供的。

由此可知,PAST 从其前身的 PALSTAT 到现在的最新版本,均是以免费、易学、易操作为目的,并尽可能地包罗学者在研究中遇到的各种统计方法,从而减少学习新软件的时间与精力。

截至撰写本书,PAST 软件已更新至 4.12b 版本,具体下载地址为:

http://nhm.uio.no/english/research/infrastructure/past/

同时可根据上述网址找到相应的历史版本、用户论坛、疑难解答、开发者邮箱等,为该软件使用提供了较为完善的后续服务。受篇幅及主旨思想限制,本章不会将 PAST 软件内的所有功能一一介绍,只挑选与城市树木多样性研究密切相关的若干功能进行阐述。当然,著者也希望有学者能将该软件的最新教程进行详细翻译,让国内更多学者(尤其是学生和林业、环境等相关行业的基层工作人员)便利地学习和使用该软件。

2.2　打开 PAST

PAST 软件是一个单文件程序,不需要安装,下载后直接运行即可,它可以在几乎所有的微软操作系统中运行,而通过模拟器也可以在 UNIX 核心的系统中运行。该软件基于菜单式的交互界面使其操作简易,几乎全部分析过程均可通过鼠标点选完成,不需要进行任何程序编写或手动输入参数。如果需要自动化批量数据处理或涉及用户自定义的算法,该软件也提供了脚本程序编写的模块,即 Script 子菜单(黄冰等,2013)。下面就各子菜单包含的内容,及可能实现的数据分析功能做简要介绍。

2.2.1　File(文件)

File 菜单内容较为简单(图 2-1),与我们日常接触的大多数软件的功能一致,包括

"新建""打开""保存""另存为"和"退出"功能。

2.2.2 Edit(编辑)

Edit 菜单包括"取消""重做""剪切""拷贝""粘贴""全选""插入行""插入列""清除""清除行或列内的特定内容""行的颜色或符号""查找""替换""填充""计数"和"转换"(图2-2)。上述每一个功能在 PAST 4.08 的使用手册内均有详细的叙述(Hammer,2021),尤其是那些具有二级菜单的子项,均有一定的说明,请读者自行查阅(下文同)。

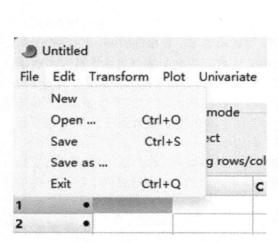

图2-1　File 菜单内容

图2-2　Edit 菜单内容

2.2.3 Transform(转换)

Transform 菜单主要是利用不同的方式对数据进行转换,便于突出数据的特征,或者作为某些类型分析的必要预处理步骤。该菜单包括"对数转换""数据中心化""去除趋势""等级转换""行值百分比""和弦变换""幂变换""成分数据变换""去除距离尺寸""地标""常规插值"和"求值表达式"(图2-3)。

除了常规的一些数据变换外,最后一个"求值表达式–Evaluate expression"可以根据自己数据变换的需要撰写相应的数据转换方程。这个强大的功能允许对选定的数据阵列进行灵活的数学运算,每个

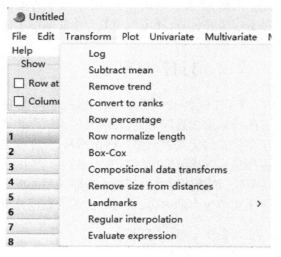

图2-3　Transform 菜单内容

选定的单元格都会被变换,其结果将取代之前的内容。此时输入的数学表达式可以包括任何运算符号+、−、*、√、^(幂)和 mod(系数);还支持括号(),以及其他一些数学函数 abs、atan、asin、cos、sin、exp、ln、sqrt、sqr、round 和 trunc。

2.2.4　Plot(绘图)

Plot 菜单主要是图表制作方面的内容,主要包括:

(1)曲线图(graph)　将一或多列作为单独的图形来绘制(图 2−4)。也可以用"绘制行"选项来显示每一行,而不是每一列,作为一个单独的图形来显示。X 坐标被自动设置为 1,2,3,…。

有 6 种绘图方式可用,包括线状图、点状图、带点的线状图、条状图、阶梯图和茎状图(垂直线)。

这里需要统一说明的是,在所有图中均可以通过"Graph settings"做相应的设置,如字体大小、图表标题、输出图片格式等。直接点击 Copy 即可将图片拷贝粘贴至其他文件中。

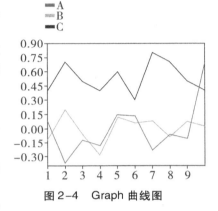

图 2−4　Graph 曲线图

(2)XY 图　绘制一对或多对包含 X/Y 坐标对的列。

(3)带误差棒的 XY 图(XY with error bars)此时需要有 4 列数据,包括 X、Y、X 的误差值和 Y 的误差值。

(4)直方图(histogram)　绘制一个或多个列的直方图(频率分布)。

(5)条形图/箱型图(bar chart/box plot)　为单变量数据的一个或几个列(样本)绘制条形图、箱形图、盒须图、小提琴图或抖动图。另外,也可以使用一个组列;缺失值不被考虑。还有一个选项是使用每一列的第一个值来设置该列在图中的 X 位置。

(6)饼图(pie chart)　从一列数据绘制饼状图或圆环图,或为多个图表绘制多达五列数据。

(7)堆叠图(stacked chart)　一行或多行数据可以被绘制成堆积条形图或堆积区域图。每个条形图代表一行,而沿列的数据是累积绘制的。"百分比"选项转换为行总数的百分比,因此所有条形图的高度是相等的。

(8)百分位图(percentiles)　对于每个百分位数 p,绘制数值 y,使 $p\%$ 的点小于 y。包括两种流行的方法:对于一个百分位数 p,根据 $k=p(n+1)/100$ 计算出等级,并取与该等级相对应的值。在四舍五入法中,k 被四舍五入到最接近的整数;而在插值法中,非整数等级由两个最接近的等级之间的线性插值来处理。

(9)正态概率图(normal probability plot)　一个或多个数据列的正态概率(正态 QQ)图。正态分布会绘制在一条直线上。为了比较,给出了一条 RMA 回归线,以及概率图相关系数。

(10)三角图(ternary)　三列数据的三元图,通常包含成分的比例。还可以显示点密度的彩色图(用核密度方法计算);如果包括第四列,它将用气泡表示或以彩色/灰度图的形式显示。

(11)气泡图(bubble plot) 绘制三维数据(三列),将第三轴显示为气泡的大小。

(12)数据矩阵(matrix plot) 数据矩阵的二维图,使用灰度,白色代表最低值,黑色代表最高值,或使用色标,用来获得一个大的数据矩阵的概况。缺失值被绘制为空白(允许有洞和非方形边界)。

(13)马赛克图(mosaic plot) 将双向或三向列联表中的比例显示为矩形的区域。

(14)韦恩图(venn diagram) 绘制两组或三组的韦恩图,有许多选项。圆圈可以用相等的尺寸绘制,也可以用与样本数量成比例的尺寸和重叠来绘制。

(15)雷达图(radar chart) 用于多变量数据的可视化;数据中的每一行将绘制一个雷达图(多边形)。

(16)极坐标图(polar plot) 该图接受极坐标,第一列是角度(度),第二列是半径值。默认情况下,角度被假定为从东边开始逆时针旋转。如果勾选"地理惯例",则假设角度从北边开始顺时针旋转。

(17)向量图(vector plot) 接受四列矢量起始点(x 和 y)和矢量 x 和 y 分量。

(18)网络图(network plot) 该模块绘制网络(图),节点(电子表格中的行)由边连接。你可以用电子表格中的邻接矩阵来指定网络(只需要给出下三角)。在这个矩阵中,第 i 行第 j 列的 1 意味着有一条从节点 i 到节点 j 的边,所有其他单元格都应该是 0。对于这种类型的输入数据,必须选择"用户定义的相似度"作为相似度指数。

(19)3D 图(3D plots) 要求有三列或四列的数据。对于三列,数据被绘制成固定大小的球体,并给出 $x-y-z$ 坐标。可选的第四列则显示为气泡的大小。坐标系是右旋的,z 轴是垂直的(正向上)。可以添加直线来强调 $x-y$ 平面内的位置(图 2-5)。在该选项下还有细分为 scatter/bubble/line plot、surface plot 和 parametric surface plot。

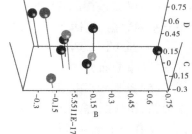

图 2-5　3D 图

2.2.5　Univariate(单变量统计)

(1)描述性统计(summary statistics) 这个函数为一个或多个单变量数据的样本计算一些基本的描述性统计。样本可以在一个或多个单独的列中给出,或者有一个数据列和一个组列;每个样本必须至少有 3 个值;这些列可以有不同数量的值。该菜单包含个体数统计、最大值、最小值、平均值、标准差等一系列基本的统计量。

(2)单样本检验(one-sample tests) 测试单个样本(单列数据)是否来自具有给定(通常是假设的)平均值或中位数的群体。

(3)双样本检验(two-sample tests) 用于比较两个单变量样本的一些经典统计和测试,如在两列数据的比较;缺失的数据不予考虑。在该菜单下还包括常规的双样本检验(t 检验、F 检验、mann-whitney 检验等)、双样本配对检验(two-sample paired tests)和 F&T 参数检验(F and t tests from parameters)。

（4）单因素方差分析等（ANOVA ect.）　该菜单是对生态数据进行检验和比较的重要部分，提供了：①多样本检验 several-sample tests（ANOVA，Kruskal-Wallis）；②多样本重复测试检验 Several-sample repeated measures tests；③双因素方差分析 Two-way ANOVA；④无重复双因素方差分析 Two-way ANOVA without replication；⑤双因素重复测试方差分析 two-way repeated measures ANOVA；⑥单因素协方差分析 one-way ANCOVA。

（5）相关（correlation）　该功能需要有两个或更多的列，所获得结果是一个包含所有列对之间的相关性的矩阵。在"Statistic \ p（uncorr）"表格式中，相关值在矩阵的下部三角形中给出，而不相关的双尾概率在上部给出（图 2-6）。

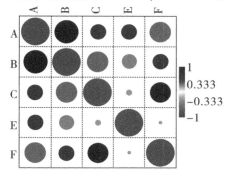

图 2-6　相关性计算结果展示

（6）组内相关（intraclass correlation）　组内相关系数（ICC）的一个典型用途是量化评分者的可靠性，即几个"评分者"在测量同一对象时的一致水平；它是一个评估测量误差的标准工具，若 ICC =1 就表示完美的可靠性。

（7）正态性检验（normality tests）　一个或几个单变量数据样本的正态分布的 4 个统计测试，在一个或多个单独的列中给出，或者有一个数据列和一个组列。

（8）异常值检验（outlier tests）　需要有一列数字来检测正态分布数据中异常值。

（9）列联表（卡方检验）[Contingency table（Chi2 etc.）]　在运行该功能时，行代表一个名义变量的不同状态，列代表另一个名义变量的状态，单元格包含两个变量的那个特定状态（行，列）出现的整数计数。然后，列联表分析给出这两个变量是否有关联的信息。例如，这个测试可以用来比较两个样本（列），每个分类群的个体数量组织在行中。如果任何一个单元格中的个体数量少于 5 个，则这个检验应谨慎使用。

（10）分层卡方检验（cochran-Mantel-Haenszel test）　类似于卡方检验，但同时测试几个（重复的）2×2 列联表，以控制同一个干扰因素。比如，在测试一种药物的效果时控制季节，这种药物在一年中被用于重复实验。2×2 表必须在电子表格中连续列出（即一个接一个的 2×2 表）。

（11）风险/概率（risk/odds）　医学上常用的统计方法，比较两种不同处理下的二元结果的计数；数据被输入一个 2×2 的表格中，行中是治疗方法，列中是两种不同结果的计数。

（12）单一比例（single proportion）　一个简单的功能，用于计算观察到的（样本）比例（范围为 0~1）与假设比例的概率；在电子表格中不需要输入数据。

（13）多重比例置信区间（multiple proportion confidence intervals）　接受两列数据，第一列是以百分比形式给出的比例（0~100），第二列包含样本大小（N）。该程序将使用 Clopper-Pearson 方法计算出所有比例的 95% 置信区间，并将其绘制出来。

（14）计数率置信区间（ratio of counts confidence interval）　该模块计算计数比率的置信区间；它专门设计用于古生物学中基于微化石计数的环境指数。

（15）生存分析（survival analysis）　对两组（治疗）进行生存分析，并规定了右删减。

该模块绘制两组 Kaplan-Meier 生存曲线,并计算 3 种不同的等值检验。该程序希望有 4 列数据:第 1 列包含第 1 组的失败(死亡)或剔除时间(在给定时间内没有观察到),第 2 列表示相应个体的失败(1)或剔除(0),最后 2 列包含第 2 组的数据;失败时间必须大于零。

(16)误差组合(combine errors) 一个简单的模块,用于从有误差(σ)的测量集合中产生加权平均值及其标准偏差。预期有两列:数据 x 和它们的误差 σ;各个高斯分布的总和也被绘制出来。

2.2.6 Multivariate(多元统计)

(1)Ordination(排序)

1)主成分分析(principal components analysis,PCA)。主成分已在第 1 章做过具体的介绍,后续再根据实例操作的具体情况做介绍,下面其他因子类似,在此就不赘述;其中,输入数据是一个多元数据矩阵,行和列分别表示项目和变量。

2)主坐标分析(principal coordinates analysis,PCoA)。主坐标分析是一种非约束性的数据降维分析方法,可用来研究样本群落组成的相似性或差异性,与 PCA 分析类似(图 2-7)。它们的主要区别在于,PCA 基于欧氏距离,PCoA 基于除欧氏距离以外的其他距离,通过降维找出影响样本群落组成差异的潜在主成分。PCoA 分析时首先

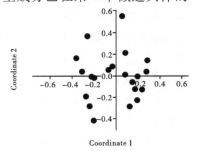

图 2-7 主坐标分析结果展示

对一系列的特征值和特征向量进行排序,然后选择排在前几位的最主要特征值,并将其表现在坐标系里,结果相当于是距离矩阵的一个旋转,它没有改变样本点之间的相互位置关系,只是改变了坐标系统(阳含熙等,1979)。

3)非度量型多维测度(non-metric MDS,NMDS)。

4)对应分析(correspondence analysis,CA)。

5)趋势对应分析(detrended correspondence analysis,DCA)。

6)典范对应分析(canonical correspondence,CCA)。

7)顺序排序(seriation)。对不存在-存在(0/1)矩阵进行排序;这种方法通常适用于关联矩阵,分类群(物种)在行中,样地在列中。对于受限的排序,应根据一些标准对列进行排序,通常是沿着不同水平或沿假定梯度的位置(图 2-8)。

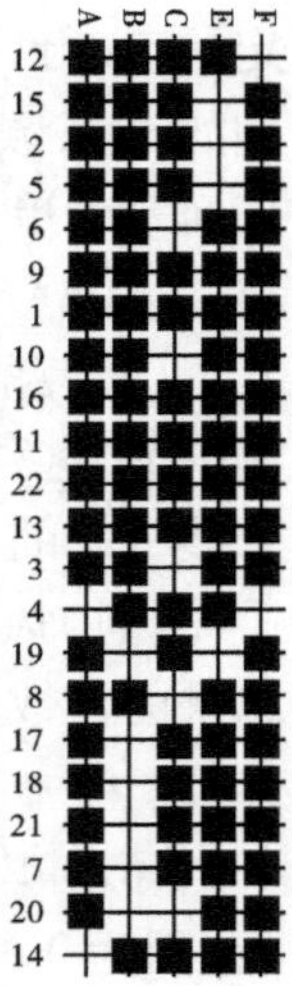

8)CABFAC 因子分析(CABFAC factor analysis)。该模块实现了因子分析和环境回归的经典方法。在运行该功能时,程序会询问第 1 列是否包含环境数据;如果没有,将对行规范化的数据进行简单的因子分析,并进行正交旋转。如果包括环境数据,将使用二阶(抛物线)方法将因子回归到环境变量上。

9)判别分析(discriminant analysis)。该模块提供对两个或多个组的判别分析(后者有时被称为准则性变量分析);这些组必须用组列来指定。

图 2-8 顺序排序结果展示(引自 Hammer,2021)

10）偏最小二乘法［partial least squares（two-block PLS）］。在进行回归分析时，通常都是考察多个 X 对 Y 的影响，但有时复杂的研究也会涉及研究多个 X 对多个 Y 的影响，尤其是当自变量存在多重共线性问题时，普通的多元线性回归无法很好地解决问题，PLS 回归则能很好地解决这些问题。程序将询问属于第一个区块的列的数量，剩余的列将被分配到第二个区块（图 2-9）。

11）冗余分析（redundancy analysis，RDA）。冗余分析是响应变量矩阵与解释变量矩阵之间多元多重线性回归的拟合值矩阵的 PCA 分析，也是多响应变量（multi-response）回归分析的拓展（图 2-10）。在群落分析中常使用 RDA，将物种多度的变化分解为与环境变量相关的变差，用以探索群落物种组成受环境变量约束的关系[①]。在运行程序时，每个样本应在电子表格中占据一行；解释变量应为前一或几列，然后是响应数据（程序会询问解释变量的数量）。

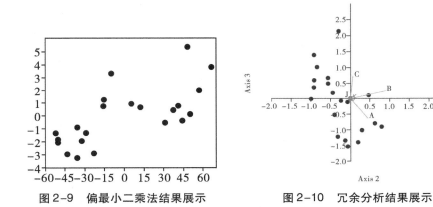

图 2-9　偏最小二乘法结果展示　　　图 2-10　冗余分析结果展示

12）非线性排序［nonlinear ordination（UMAP）］。PAST 包括两种非线性排序（嵌入）的方法：谱嵌入法和 UMAP 法。这些方法可以与主坐标分析法进行比较，它是基于距离测量的一种方法。它们可以在高维空间中挑出可能会干扰其他组的且具有复杂形状的组。这些方法可以很好地识别群组，但也可以表现得相当不稳定，这取决于分析参数的选择。

在程序中输入的是一个多变量数据集，列中包含变量，还可以有一组列显示给定的组（这不影响排序）；同时，必须选择一个距离度量值（默认为 Euclidean）。

（2）Clustering（聚类）　分层聚类程序产生一个"树状图"，显示数据点（行）如何被聚类。对于"R"模式的聚类，即把分类群的权重放在分类群上，分类群应该放在行里；也可以通过在列中输入分类群来寻找变量或关联的分组（Q 模式）。两者之间的切换是通过转置矩阵来完成的（在编辑菜单中）。

1）经典方法（classical）。在该模块下，提供了 3 种聚类的方法，分别是非加权组平均法［unweighted pair-group average（UPGMA）］、最短距离法［single linkage（nearest

---

① 引自：https://www.omicsclass.com/article/1353

neighbour)]和凝聚法(ward's method)(图2-11)。

2)邻接法(neighbour joining)。邻接法是一种快速的聚类方法,该方法最早用于系统发育分析;它不考虑任何优化标准,其基本思想是进行类的合并时,不仅要求待合并的类是相近的,而且要求待合并的类远离其他的类,从而通过对完全没有解析出的星型进化树进行分解,来不断改善星型进化树。

3)K均值聚类算法(K-means)。K均值聚类算法在聚类开始时的分配是随机的(系统提示输入分组数)。在迭代过程中,项目被移到具有最接近聚类平均值的分组中,聚类平均值也相应地被更新。

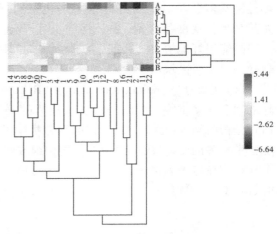

图2-11 经典聚类结果展示

这个过程一直持续到各项目不再"转移"到其他类别组。聚类的结果在某种程度上取决于初始的随机排序,因此聚类的分配在不同的运行中可能有所不同。这不是一个错误,而是k-means聚类的正常行为。

4)最大简约法[parsimony(cladistic)]。PAST软件具备分支分类学模块,但缺乏全面的功能。PAST软件的分支系统学基本满足教育和初始数据的探索,但对于更"严谨"的测算,开发者推荐使用更专业的系统学软件(如PAUP\TNT等)。

(3)Tests(检验)

1)多变量正态性(multivariate normality)。PAST计算Mardia的多变量偏度和峰度,并有基于x^2(偏度)和正态(峰度)分布的测试。此外,还给出了基于Doornik & Hansen整体强度测试。如果这些检验中至少有一项显示出偏离正态性(小p值),那么分布就明显非正态;样本量应该有一定的数量(至少>50)。

2)协方差齐性(Box's M)。检验两个或更多的多变量样本的协方差矩阵的等值性;这是同质性检验,如多元方差分析所假设的。下面多个检验就不一一赘述,挑选在城市树木多样性研究中常用的做简要介绍。

3)多元方差分析(MANOVA)。

4)单因素相似性分析(one-way ANOSIM)。

5)单因素多元方差分析(one-way PerMANOVA)。

6)双因素相似性分析(two-way ANOSIM)。

7)双因素无重复多元方差分析(two-way ANOSIM without replication)。

8)双因素多元方差分析(two-way PERMANOVA)。

9)多元离散(multivariate dispersion)。

10)曼特尔检验(mantel test)。Mantel检验是两个距离或相似矩阵之间相关性的置换检验。在PAST软件中,这些矩阵也可以从两套原始数据中实现自动计算。在录入数据时,第一个矩阵必须位于电子表格中第二个矩阵之上,并且将行指定为两组(带有一个组列）。两个矩阵必须有相同的行数。如果它们是距离矩阵或相似矩阵，它们同时还必须具有相同的列数。

11）偏 Mantel 检验（partial Mantel test）。

12）SIMPER。

13）指示种分析［indicator species analysis（IndVal）］。指示种分析数据录入时要求样品（样地）丰度（计数）为行，分类单元为列，也是至少指定了两个组的组列。

（4）Caribration（校准）

1）现代模拟技术（modern analog technique）。现代模拟技术是一种校准方法，用于根据动物区系分析重建过去的环境参数（例如温度）。它的工作原理是找到现代化的地点，这些地点的动物群接近于下部岩心样本；然后利用来自现代地点的环境数据来估计下层环境。

2）WA-PLS（weighted averaging partial least squares）。与现代模拟技术一样，WA-PLS 是一种基于现代样本训练集，从化石组合中重建过去环境参数的方法，某些人认为 WA-PLS 是整体上最精确的校正方法。

（5）Similarity and distance indices（相似距离系数）　计算所有行对之间的相似度或距离度量值。数据可以是单变量或多变量，变量在列中。结果给出了一个对称的相似距离矩阵。这个模块很少使用，因为相似度/距离矩阵通常是从 PCo、NMDS、聚类分析和 ANOSIM（相似性分析）等模块的主要数据自动计算出来。

（6）Genetic sequence stats（基因序列统计）　关于基因序列（DNA/RNA）数据的一些简单统计。模块需要一定数量的行，每一行都有一个序列。序列需要对齐，长度相等，包括间隔（诸如编码"?"）。

2.2.7　Model（模型）

（1）Linear（线性模型）

1）Bivariate（二元回归）。如果选择了两列，它们分别代表 x 和 y 值。如果选择一列，它代表 y 值，x 值被认为是正整数的序列（1,2,3…），直线 $y=ax+b$ 被拟合到数据上。几个双变量数据集可以在同一图中进行回归，并比较它们的斜率，每对列是一个 x-y 集。同时，系统提供了 5 种回归拟合的方法供选用，包括最小二乘法［Ordinary Least Squares（OLS）］，几何平均数回归法［Reduced Major Axis（RMA）］，长轴回归法［Major Axis（MA）］，Robust 和 Prais-Winsten。

2）Multivariate（1 independent, n dependent）（多元回归，1 自变量和多因变量）。当有一个自变量和几个因变量时，可以使用简单的线性回归将每个因变量分别拟合到自变量。这个模块通过一个滚动按钮来浏览每个因变量，使这个过程更加方便。该模块需要有两列或多列数据，自变量在第一列，因变量在连续的几列。

3）Multiple（1 dependent, n independent）（多元回归，1 因变和多自变量）。

4）Multivariate multiple（m indep., n dep.）（多元回归，多自变量与多因变量）。需要两列或更多的测量数据，因变量在前面几列，自变量在后续列。系统会询问因变量的数量，由此确定前几列为因变量（图 2-12）。

Multivariate multiple linear regression						
Overall MANOVA						
Wilks' lambda: 0.1546		F: 2.573		df1: 6		df2: 10
p(regression) 0.08977						
Tests on independent variables						
	Wilks lambda	F	df1	df2	p	
C	0.2222	8.752	2	5	0.02327	
D	0.5837	1.783	2	5	0.2603	
E	0.3624	4.399	2	5	0.07905	
Tests on dependent variables						
	R^2	F	df1	df2	p	
A	0.7798	7.084	3	6	0.02133	
B	0.3899	1.278	3	6	0.3638	
Regression coefficients and statistics						
		Coeff.	Std.err.	t	p	R^2
A	Constant	10.354	2.4828	4.1701	0.0058781	
	C	8.9976	2.0427	4.4047	0.0045454	0.47813
	D	0.76392	0.57595	1.3264	0.23296	0.058439
	E	3.1674	1.1219	2.8233	0.030224	9.4712E-06
B	Constant	-1.1156	1.6584	-0.6727	0.52618	
	C	-1.3527	1.3645	-0.99136	0.35979	0.30514
	D	0.2927	0.38471	0.76084	0.47558	0.1616
	E	0.048145	0.74938	0.064246	0.95086	0.035476

图2-12　多因变量与多自变量回归结果

（2）Generalized Linear Model（广义线性模型）　本模块所获得结果是最基础的广义线性模型，适用于单一解释变量；它需要两列数据，即一列自变量和一列因变量（图2-13）。

（3）Polynomial regression（多项式回归）　本模块功能需要输入两类数据（x 值和 y 值），然后一个五阶以下的多项式被拟合到数据上（阶数可选）。该算法是基于最小二乘法准则和奇异值分解；为了提高数据的稳定性，采用了均值和方差标准化。

（4）Nonlinear fit（非线性回归）　从系统中提供的一系列方程中进行选择，用最小二乘法将两列 x-y 数据与一些非线性方程进行拟合（图2-14）。但系统所提供的方程还是偏少，多为一些常见方程，如果有特殊需求可能还需要用更专门的统计软件进行自编拟合。

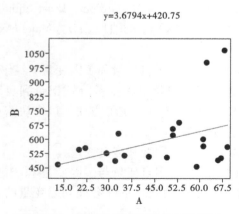

$y=3.6794x+420.75$

图2-13　广义线性模型拟合结果展示

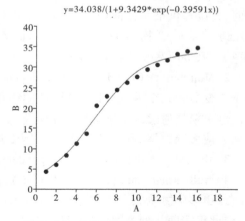

$y=34.038/(1+9.3429*exp(-0.39591x))$

图2-14　非线性拟合（逻辑斯蒂方程）

（5）Sinusoidal regression（正弦回归）　选择两列（x 和 y 值）进行拟合。系统提供了最多 8 个正弦波的总和,其周期由用户指定,但振幅和相位未知。这一模块对模拟时间序列中的周期性很有用,如年生长周期或气候周期,通常与频谱分析相结合。该算法是基于最小二乘法准则和奇异值分解;默认情况下,周期被设置为 x 值的范围及谐波（1/2、1/3、1/4、1/5、1/6、1/7 和 1/8 的基本周期）。

（6）Smoothing spline（平滑样条）　选择两列（x 和 y 值）进行拟合。数据被拟合到一个平滑样条上,它是一个连续到二阶导数的三阶多项式序列。一个典型的应用是构建一条穿过噪声数据集的平滑曲线。数据中的急剧跳跃会引起曲线的震荡,在数据点较少的区域也会出现较大的偏移。同一个 x 值的多个数据点通过加权平均和计算综合标准差被折叠成一个点。

（7）LOESS smoothing（LOESS 平滑）　选择两列（x 和 y 值）进行拟合。使用的算法是"LOWESS"（Locally WEighted Scatterplot Smoothing）,及其推荐的默认参数（包括两个稳健性迭代）。给定一个点的数量 n 和用户指定的平滑参数 q,程序将每个给定点周围的 nq 个点拟合为一条直线,其权重函数随距离递减。新的平滑点是原始 x 位置上的拟合线性函数的值。

（8）Abundance distribution（多度分布）　该模块可用于绘制分类群多度在线性或对数（Whittaker 图）尺度上的降序排列,或多度倍数等级的物种数量（如拟合对数正态分布时所示）。分类群放在行中,样本（通常只有一个）放在列中。它还可以将数据与四种不同的标准多度模型之一进行拟合。

（9）Species packing（Gaussian）［物种聚集（高斯）］　该模块对一个或多个物种的多度沿梯度进行高斯响应模型拟合。拟合的参数可采用最佳（平均）、公差（标准偏差）和最大 3 种方法。该模块需要第一列为样本的环境测量值（如海拔）,以及一个或多个额外的多度数据列（分类群列）。

（10）Mixture analysis（混合分析）　混合分析是一种最大似然法,基于一个集合样本用于估计两个或多个单变量正态分布的参数（平均值、标准差和比例）。该程序还可以估计指数和泊松分布的平均值和比例。例如,当没有关于群体成员的独立信息时,该方法可用于研究性别（两组）或几个物种或大小等级之间的差异。

（11）Logarithmic spiral（对数螺旋线）　该模块是将平面内的一组点拟合为对数螺旋线。有助于描述软体动物的外壳、牙齿、爪子和角等特征。需要两列坐标（x 和 y）。必须依次给出各点,或向内或向外,左旋或右旋均可实现。

（12）Changepoint（变点模型）　本模块提示时间序列中突然变化的位置（变化点）,变化点之间有恒定的数值。输入的数据应该是带有一系列数字的单列,或带有在同一时间点或地层中收集的多元数据的多列（图 2-15）。一个应用实例是通过沉积物芯检测多变量地球化学

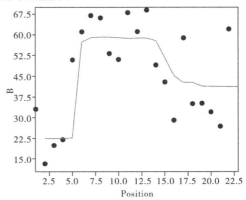

图 2-15　变点模型

数据的断裂。该模块输出的结果不是单一的模型参数集,而是大量的概率分布的样本("模拟")。对于多列数据集,注意每一列的权重是相同的,因为在建模之前,平均数和标准差会自动归一。

2.2.8 Diversity(**多样性**)

(1)Diversity indices(α多样性指数) 在 PAST 软件中,提供了常用的 α 多样性指标的计算,如 Simpson 指数、Shannon 指数、Margalef 指数等(图 2-16)。这些统计资料适用于多度数据,其中个体的数量以行(分类群)和一个或多个列(样地)的形式列出。所有统计指数一次性展示,供选用。此外,在 PAST 的教程中,各多样性指数公式也被一一列出,供读者从原理上理解多样性计算的过程。

Alpha diversity indices		
Numbers | Plot	**A**	**B**
Taxa_S	22	22
Individuals	283	1006
Dominance_D	0.0496	0.05088
Simpson_1-D	0.9504	0.9491
Shannon_H	3.036	3.025
Evenness_e^H/S	0.9466	0.9364
Brillouin	2.845	2.958
Menhinick	1.308	0.6936
Margalef	3.72	3.037
Equitability_J	0.9823	0.9787
Fisher_alpha	5.574	3.972
Berger-Parker	0.07067	0.06859
Chao-1	22	22
iChao-1	22	22
ACE	22	22

图 2-16 α 多样性指数计算结果

(2)Quadrat richness(样方丰富度) 样方丰富度模块需要两列或多列数据,每列包含不同分类群以 1/0 形式出现(表示存在/不存在)(正值则被视为存在)。PAST 中包括四个非参数物种丰富度估计方法:Chao 2,first - and second - order jackknife,以及 bootstrap。所有这些都需要在两个或更多同等大小的取样中获得存在-缺失数据。Colwell & Coddington(1994)回顾了这些估计方法,发现 Chao 2 和二阶 jackknife 表现最好。PAST 的输出分为两部分:首先,从给定的样本集计算丰富度估计值和它们的分析标准偏差(仅对 Chao 2 和 Jackknife1 而言);然后,从 1000 个随机再抽样的样本中计算出估计值,并报告其平均值和标准偏差。换句话说,这里报告的标准差是自举估计,而不是基于分析方程的。

(3)Beta diversity(β 多样性指数)　β 多样性是指沿着某一环境梯度群落组成的变化;研究群落 β 多样性与物种自身特性、生境变化、种子传播限制等因子的关系可探讨群落组成变化的内在机制、验证生态学理论以及区域多样性对局部群落多样性的影响(冯刚等,2011)。不同群落或某环境梯度上不同点之间的共有种越少,β 指数多样性越大。在 PAST 软件中,将数据整理成两列或多列(样本)的存在–不存在(0/1)数据,行则表示分类群。PAST 软件的 β 多样性模块可以用于任何数量的样本(不限于只有两个样本)并提供了 8 种测量方法可供选用。

(4)Taxonomic distinctness(分类差异性)　Clarke & Warwick(1998)定义的分类学多样性和分类学独特性,包括从集合数据集(所有样本)中随机抽取 1000 个重复样本计算的置信区间。需要注意的是,Clarke & Warwick 的"全球列表"不是直接输入的,而是通过汇集(求和)给定的样本在内部计算。这些指数取决于物种水平以上的分类信息,每个物种的分类信息必须按以下方式输入:物种名称放在名称栏中(最左边,在行属性中),属名放在第一组栏中,科放在第二组栏中,最多 6 个组栏。当然,你可以用其他的分类级别来代替,只要它们是以升序排列的;样本的物种计数在其后的列中进行。

(5)Individual rarefaction(个体稀释性)　该模块用于比较不同大小的样本的多样性。要求有一列或多列不同类群个体的计数(每一列必须有相同数量的值)。当比较样本时,样本在分类学上应该是相似的,使用标准化的取样并取自相似的"生境"。给出一些分类群的一列或多列多度数据,系统将估计个体总数较少的样本中能发现多少分类群。通过这种方法,可以比较不同大小的样本中的分类群数量。在大样本中使用稀疏分析,可以读出任何较小的样本大小(包括最小的样本)的预期分类群数量(图 2-17)。

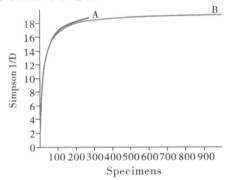

图 2-17　个体稀释性分析结果展示

(6)Sample rarefaction (Mao's tau)(样本稀释性)　样本稀释性需要一个"存在/不存在"的数据矩阵(多度数据被视为存在),分类群在行中,样本在列中。基于样本的稀释性曲线(也被称为物种累计曲线)适用于有一定数量的样本,从中估计出物种丰富度与样本数量的关系。PAST 实现了被称为"Mao's tau"的分析解决方案,具有标准偏差。在图形图中,标准误差被转换为 95% 的置信区间。

(7)SHE analysis(SHE 分析)　SHE 分析需要一个整数多度数据矩阵(计数),其中分类群在行中,样本在列。该模块将计算第一个样本的对数物种多度(ln S)、香农指数(H)和对数均匀度(ln E = H - ln S)。然后将第二个样本添加到第一个样本中,这个过程继续进行。由此产生的累积 SHE 曲线可以从生态学角度进行解释。如果样本不是取自一个同质种群,而是跨越一个梯度或在一个地层剖面上,那么曲线中的断裂可以用来推断不连续的情况(如生物区的边界)。

（8）Diversity permutation test（多样性置换检验）　该模块为两个样本计算一些多样性指数，然后用随机排列法比较多样性。产生 9999 个有两列（样本）的随机矩阵，每个矩阵的行和列总数与原始数据矩阵相同。

（9）Diversity t test（多样性 t 检验）　比较两个样本中的 Shannon 多样性指数和 Simpson 多样性指数。其中，Hutcheson（1970）、Poole（1974）、Magurran（1988）均描述了 Shannon 多样性指数的 t 检验。这是对多样性包络测试模块中提供的随机化测试的一种替代方法。本模块需要两列多度数据，分类群在行下。

（10）Diversity profiles（多样性概述曲线）　该模块需要一列或多列多度数据，分类群在行下；其主要目的是比较几个样本的多样性。由于对多样性指数的任意选择，比较不同样本中的多样性的有效性会受到批评。例如，一个样本可能包含较多的分类群，而另一个样本具有较大的 Shannon 指数；因此，可以比较一些多样性指数，以确保多样性排序是稳健的（图 2-18）。正确的方法是定义一个多样性指数系列，并取决于一个单一的连续参数。

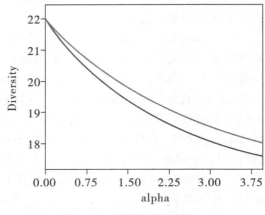

图 2-18　多样性概述曲线

2.2.9　Timeseries（时间序列）

（1）Spectral analysis（频谱分析）

1）简单周期图（simple periodogram）。PAST 在本模块采用的是不均匀采样数据的 Lomb 周期图算法，录入数据时第一列给出时间值，第二列给出依赖值；如果只选择一列，则假设数据点之间的间隔为一个单位。然后，Lomb 周期图给出与 FFT 类似的结果（图 2-19）。在分析之前，数据会自动去趋势化。系统支持缺失值。

2）REDFIT 频谱分析（REDFIT spectral analysis）。该模块是 Schulz & Mudelsee（2002）的 REDFIT 程序的实施。它是上述简单 Lomb 周期图的更高级版本。REDFIT 包括一个

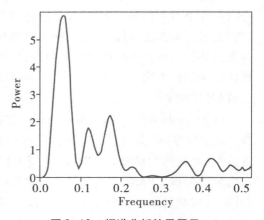

图 2-19　频谱分析结果展示

"Welch 重叠段平均"的选项，这意味着将时间序列分成若干段，重叠 50%，并对其频谱进行平均。这减少了噪声，但也降低了频谱分辨率。此外，时间序列被拟合为 AR（1）红噪声模型，这通常是一个比上述白噪声模型更合适的零假设。给出的"虚拟警报线"是基于近似（chi^2）和蒙特卡洛［使用 1000 个 AR（1）过程的随机实现］两个参数。

　　本模块数据的输入必须是两列时间和数据值的形式,或一列等距的数据值。数据会自动去趋势化。对 AR(1)的拟合意味着数据必须有正确的时间方向(与上面的简单频谱图相反,时间方向是任意的)。时间值应该是现在之前的年代;若否,就有必要给它们加上负号。

　　3)多窗频谱分析(multitaper spectral analysis)。在传统的频谱估计中,数据通常被"开窗"(与一个钟形函数相乘),以减少频谱泄漏。在多锥体方法中,应用几个不同的(正交的)窗口函数,并将结果合并。由此产生的频谱具有低泄漏、低方差,并保留了时间序列的开始和结束所包含的信息。此外,统计测试可以利用多个频谱的估计。一个可能的缺点是频谱的分辨率降低。多锥体方法需要均匀的数据,在一列中给出。

　　4)沃尔什变换(walsh transform)。沃尔什变换是一种二进制或序数数据的频谱分析(用于寻找周期性)。它假定数据点的间距是均匀的,并期望有一列二进制(0/1)或序数(整数)数据。

　　5)短时傅里叶变换(short-time fourier transform)。使用傅里叶变换(FFT)进行频谱分析,但将信号分为一连串重叠的窗口,对其进行单独分析。与其他频谱分析模块提供的全局分析不同,这一方法允许在时间上发展频谱。采样位置显示在 x 轴上,频率(以每个采样周期为单位)显示在 y 轴上,而功率则以彩色或灰度的对数尺度显示。短时傅里叶变换(STFT)可以与小波分析相比较,但具有线性频率标度和与频率无关的恒定时间分辨率。

　　6)小波变换(wavelet transform)。对不同尺度的时间序列的检查,需要一列序数或连续数据,点的间距均匀。连续小波变换(CWT)是一种可以同时在小、中、大尺度上对数据集进行检查的分析方法。它对检测不同波长的周期性、自相似性和其他特征非常有用。

图中的纵轴是一个对数大小的尺度(底数为2),顶部是在只有两个连续数据点的尺度上观察到的信号,底部是在整个序列的四分之一的尺度上(图 2-20)。轴上的一个单位对应于大小比例的两倍。因此,图的顶部代表了一个详细的、细粒度的视图,而底部代表了一个平滑的较长趋势的概述。信号强度以灰度或彩色显示。

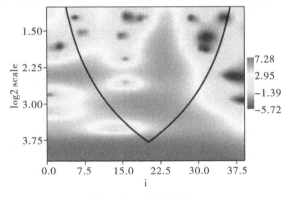

图 2-20　小波变换

　　7)不等距小波(wavelets for unequal spacing)。检查不同尺度的时间序列,需要两个输入列,包含时间和数据值。这个模块与小波变换模块类似,但接受不等距的数据。它不提供显著性测试,而且由于它不使用 FFT,所以速度要慢得多。另外,频率轴是线性的,而不是对数的。需要注意的是,在数据较少的地区,这个模块是无效的,小波分析不会有什么信息,特别是在高频率下。

　　8)点事件谱(point events spectrum)。这个模块,使用"循环频谱分析"的方法,用于搜索点事件序列的周期性,如地震、火山爆发和大规模灭绝等(图 2-21)。需要单列的事件时间(例如,以百万年为单位的喷发日期);事件时间不需要按顺序排列。

(2)Correlation(相关性)

1)自相关(autocorrelation)。自相关是在均匀采样的时间/地层数据的单独一(些)列中进行的。滞后时间 τ 到 $n/2$,其中 n 是向量中的数量数值,沿 x 轴显示(只有正的滞后时间-自相关函数围绕零对称)。一个主要为零的自相关标志着随机数据-周期性变成了峰值。

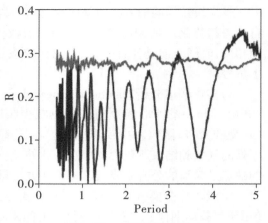

图2-21 点事件谱分析

2)自关联(autoassociation)。自关联类似于自相关,但对于编码为整数的二进制或名义数据序列而言。

3)互相关(cross-correlation)。互相关是在两列均匀取样的时间/地层数据上进行的。x 轴显示第二列相对于第一列的位移,y 轴显示给定位移下两个时间序列之间的相关性。

4)钵体相关图(mantel correlogram)。该模块需要有若干行多变量数据,每个样本有一行,同时假设样本的时间间隔是均匀的(图2-22)。Mantel 相关图是对自相关的一个多变量扩展,基于任何相似性或距离测量。PAST 中的 Mantel 相关图显示了不同滞后期的时间序列和时间滞后的副本之间的平均相似度。

(3)Runs test(游程检验) 游程检验是一种非参数检验,用于检验诸如时间序列等数值序列中的随机性。非随机性可能包括诸如自相关、趋势和周期性等影响。该模块需要一列数据,这些数据在内部被转换为 $0(x \leqslant 0)$ 或 $1(x>0)$。

(4)Mann-Kendall trend test(Mann-Kendall 趋势检验) Mann-Kendall 非参数秩次检验在数据趋势检测中极为有用,其特点表现为:①无须对数据系列进行特定的分布检验,对于极端值也可参与趋势检验;②允许系列有缺失值;③主要分析相对

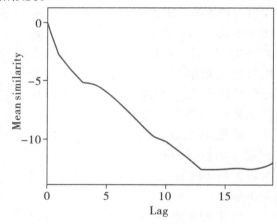

图2-22 钵体相关图

数量级而不是数字本身,这使得微量值或低于检测范围的值也可以参与分析;④在时间序列分析中,无须指定是否是线性趋势。两变量间的互相关系数就是 Mann-Kendall 互相关系数,也称 Mann-Kendall 统计数 S。

(5)Point events(点事件) 有一列包含事件的时间(如地震或支系分化)或沿线的位置(如横断面),时间不一定要按递增的顺序排列。

(6)Markov chain(马尔可夫链) 该模块需要一列包含一串编码为整数的名义数据。

例如,一个地层序列,1 表示石灰岩,2 表示页岩,3 表示砂岩。一个包含状态转换的计数或比例(概率)的转换矩阵被显示出来。"从"状态在行中,"到"状态在列中;也可以指定几列,每列包含一个或多个状态转换(两个数字代表一个转换,n 个数字代表一个有 $n-1$ 转换的序列)。

　　(7)ARMA(自回归滑动平均模型)分析和消除时间序列中的序列相关性,并分析某一特定时间点的外部干扰("干预")的影响。该模块假设是静止的时间序列,除了单一的干预,需要一列等距的数据。这个强大但有点复杂的模块实现了最大可能性的 ARMA 分析,以及最小版本的 Box-Jenkins 干预分析(例如,用于调查气候变化如何影响生物多样性)(图 2-23)。默认情况下,计算的是一个没有干预的简单 ARMA 分析。用户可以选择 AR(自回归)和 MA(移动平均)项的数量,以包括在 ARMA 差分方程中。系统给出对数可能性和 Akaike 信息准则。选择使 Akaike 准则最小化的项的数量,但要注意 AR 项比 MA 项更"强大"。例如,两个 AR 项可以模拟一个周期性。

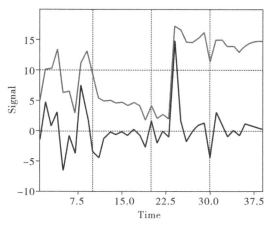

图 2-23　自回归滑动平均模型

　　ARMA 分析的主要目的是去除序列相关性,否则会给模型拟合和统计带来问题。在使用时应检查残差是否有自相关的迹象,例如将残差从数字输出窗口复制到电子表格中,并使用自相关模块。同时需要注意的是,对于许多具有稀疏数据和混杂效应的古生物学数据集,ARMA 分析是不合适的。该程序以 Melard(1984)的似然算法为基础,结合使用单纯搜索的非线性多变量优化。

　　(8)Simple smoothers(简单平滑器)　一组用于单列匀速数据的平滑器。也可以参见模型菜单中的样条和 LOESS 平滑器。

　　(9)FIR filter(FIR 滤波)　滤除时间序列中的某些频段对于平滑曲线、去除缓慢变化或强调某些周期性(如 Milankovitch 周期)是有用的(图 2-24)。本模块需要提供一列均匀的数据。对于数据分析中的大多数应用,滤波器具有线性相位响应是至关重要的。因此,PAST 使用 FIR(有限脉冲响应)滤波器,它是用 Parks-McClellan 算法设计的。过滤器类型的类型包括:低通、高通、带通和带阻。

　　(10) Insolation (solar forcing) model(日照模型)　该模块计算从 250Ma 到最近的任何纬度和任何时间的太阳日照量

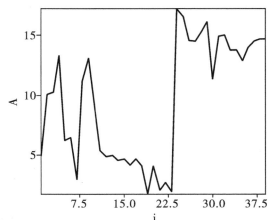

图 2-24　FIR 滤波分析

（50Ma 之前的结果不太准确）。计算可以针对"真实"的轨道经度、"平均"的轨道经度（对应于一年中的某个日期）、每年某个月的平均数或全年的累计。在应用时，需要指定一个包含轨道参数的数据文件夹，同时从 http://vo. imcce. fr/insola/earth/online/earth/earth. html 下载 INSOLN. LA2004. BTL. 250. ASC 文件，并放在你电脑的任何地方。在第一次运行计算时，PAST 将询问文件的位置。

（11）Date/time conversion（日期/时间转换）　本模块是将日期和/或时间转换为连续的时间单位进行分析的工具。该模块需要有一列或两列数据，每列包含日期或时间。如果两列都给定，那么时间将加到日期上，以得到最终的时间值。

2.2.10　Geometry（空间结构）

（1）Directions（方位）

1）单样本循环（circular, one sample）。该模块可绘制一个带方向的玫瑰图（极地直方图）（图 2-25）。用于绘制水流方向的标本、轨道的方向、断层线等，或用于一天中的时间数据（0~24 小时）。使用该模块应准备有一列方向性（0~360）或方位性（0~180）的数据，单位为度。其他形式的方向性或周期性数据（弧度、小时等）必须使用例如"评估表达式"模块（转换菜单）转换为度。

2）双样本循环（circular, two samples）。该模块需要有两列方向性（0-360）或方位性（0-180）的数据，单位为度。

3）循环相关（circular correlation）。该模块是测试两个方向性或方位性变量之间的相关性。假设有"大量"的观测数据，需要有两列方向性（0-360）或方位性（0-180）数据，单位为度。

4）球面数据［spherical data（one sample）］。该模块对轴向、球形数据（如结构地质学中的走向-倾角测量）进行立体绘图，并用宾汉姆测试对均匀分布进行检验（图 2-26）。

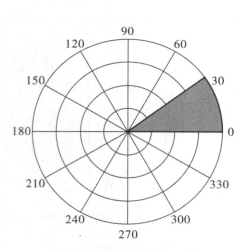

图 2-25　单样本循环玫瑰图

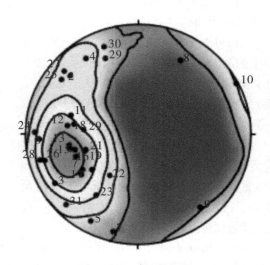

图 2-26　球面数据图

（2）Point pattern analysis（点格局分析）

1）最邻近算法（nearest neighbours）。该模块以二维坐标值给出的点测试聚类或过度分散。该过程假定元素与其距离相比很小，域主要是凸的，并且 $n>50$，需要两列 x/y 位置。该模块的应用包括空间生态学（原地腕足类动物是否聚集）、形态学（三叶虫小瘤是否过度分散）和地质学（如火山、地震、泉水的分布）。

2）多距离空间聚类（ripley's K）。Ripley's K 是一种常用的空间点格局分析方法，其优点在于能够实现多尺度下的尺度分析，同时通过蒙特卡洛模拟法还可实现数据显著性验证，同时通过数理统计方法，能够减少分类的巨大工作量，且具有可靠的精度，并能够结合其他点空间分析方法，实现点格局的深入分析（图 2-27）（秦丰林和杨丽，2014）。

3）相关长度分析（correlation length analysis, CLA）。相关长度分析研究了不同尺度下点模式的空间分布，是 Ripley's K 的替代一种方案。在一个矩形区域中，预计有两列 x/y 坐标。CLA 只是

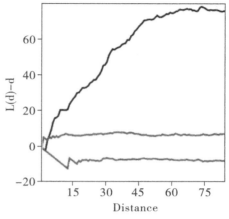

图 2-27　Ripley's K 点格局分析

一个点之间所有成对距离的直方图，即总共有 $N(N-1)/2$ 个距离（黑色曲线）生成。

来自随机点模式的预期曲线（蓝色曲线）及其 95% 的置信区间（红色曲线）是由 1000 次完全空间随机性（CSR）的蒙特卡洛模拟计算出来的，该矩形的尺寸与原始数据的边界矩形相同。因此，来自数据的 CLA 曲线（黑色曲线）超过红色曲线上部的距离，其频率明显高于随机模式的预期。

4）最小生成树分析（minimal spanning tree analysis）。最小生成树分析研究了一个点模式的空间分布，重点在小范围内，与最近邻分析相当，但属性有些不同。预计在一个矩形域中会有两列 x/y 坐标。该方法是基于最小生成树（MST）中所有线段长度的直方图。MST 本身可以在 XY 图模块（Plot 菜单）中绘制出来。随机点模式的预期曲线（蓝色曲线）及其 95% 的置信区间（红色曲线）是由 1000 次完全空间随机性（CSR）的蒙特卡洛模拟计算出来的，该矩形的尺寸与原始数据的边界矩形相同。因此，来自数据的直方图（黑色曲线）超过红色曲线上部的段长，其频率明显高于随机模式的预期。

5）核密度（kernel density）。在二维中制作一个平滑的点密度图。系统需要在一个矩形域中有两列 x/y 坐标（图 2-28）。用户可以指定网格的大小（行和列的数量）。半径值设置内核的比例 r；系统当前还没有自动选择"最佳"径，所以这个值必须由用

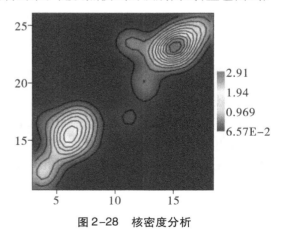

图 2-28　核密度分析

户根据感兴趣的尺度来设置。

6）点对齐（point alignments）。该模块是使用连续扇形法检测二维点模式中的线性排列。典型的应用是在地质学和地理学中，研究与断层和其他线性结构相关的地震、火山、泉水等的分布。

7）样方计数（quadrat counts）。该模块提供样方中点的分布统计。输入的数据由等大小的样方中的点的单列计数组成（顺序是任意的）。对于一个随机的点模式，预计数据将遵循泊松分布。Morisita 指数：$ld=1$ 为随机模式，$ld<1$ 为过度分散，$ld>1$ 为集群模式。

（3）具值点（point with z value）

1）空间自相关（spatial autocorrelation）。在 PAST 中计算空间自相关需要有 3 列数据，包含一些点的 x 和 y 坐标以及相应的数据值 z（图 2-29）。然后在一些距离等级（bin）从小到大的距离计算 Moran's I 相关统计。以 $p<0.05$ 的单尾临界值可以在每个 bin 中绘制出来；超过临界值的 Moran's I 值可被认为是显著的，但由于有几个 bin，应考虑 Bonferroni 校正或其他多重检验的调整。

2）网格（gridding）。"网格化"是将分散的二维数据点空间插值到一个规则的网格上的操作（图 2-30）。需要有三列位置（x, y）和相应的数据值。通过网格化，可以制作一张地图，显示一些变量的连续空间估计值，如基于分散的数据点的化石丰度或岩石单元的厚度。用户可以指定网格的大小（行和列的数量）。地图的空间覆盖率自动生成一个覆盖数据点的正方形。绘图时，可将其简化为各点的凸包。

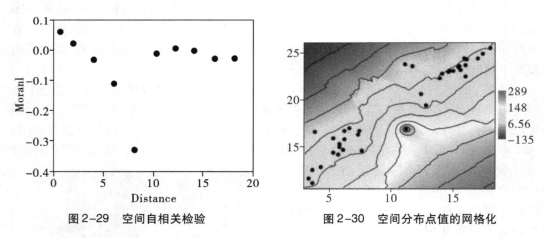

图 2-29　空间自相关检验　　　　　图 2-30　空间分布点值的网格化

（4）2D Landmarks（2D 地标）

1）PCA（相对扭曲）[PCA of 2D landmarks（relative warps）]。该模块与标准 PCA 模块非常相似，但增加了一些分析二维地标配置的功能。预期的数据是行中的样本，列中交替出现 x 和 y 坐标，系统推荐使用 Procrustes 标准化。PCA 相对扭曲根据重要性排序，第一和第二扭曲通常是信息量最大的。请注意，该模块对地标进行了直接的 PCA 分析，也就是说仿射成分包含在分析当中。相对翘曲是用矢量和/或薄板花键变换网格来显示的。当你从零开始增加或减少分数因子时，原始地标配置和网格将根据选定的相对翘曲逐步变形。向量是从平均值到变形的（点）地标位置绘制的。

2)薄板样条(thin-plate splines for 2D landmarks)。该模块显示了从一个地标配置到另一个地标配置的形状变形。数据表示是以行为样本,列中的 x 和 y 坐标交替出现,同时推荐使用 Procrustes 标准化。在菜单中选择的任何形状,都被作为参考,并有一个相关的方形网格。可以查看从这个形状到所有其他样本的翘曲情况。使用者也可以选择平均形状作为参考。"膨胀因子"选项将以黄色数字显示每个地标周围的面积膨胀(或收缩)因子,表明局部增长的程度;这是用经线的雅各布系数计算出来的。另外,所有网格元素的扩张都采用了颜色编码,绿色代表扩张,紫色代表收缩。在每个地标中,主要应变也可以显示出来,主要应变为黑色,次要应变为棕色。这些向量表示方向性的拉伸。

3)线性回归(linear regression of 2D landmarks)。二维地标的线性回归是以行为单位,有一列独立的数据(如尺寸),然后是成对的具有 Procrustes 拟合的地标位置的列。输出包括变形网格和从平均值到变形(点)地标位置的位移向量(图 2-31)。

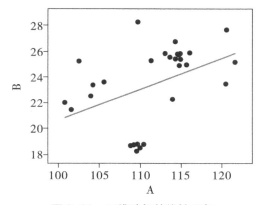

图 2-31　二维地标的线性回归

4)共异速组分分析(common allometric component analysis for 2D landmarks)。地标的共异速组分(CAC)分析的原理很简单,也很符合逻辑:将形状作为尺寸的函数进行线性回归(异速成分),然后对残差(残差形状成分)进行 PCA。所需的数据是一列,然后是包含 Procrustes 拟合的 $X-Y$ 坐标的地标的一对列。这些数据可以通过"转换->地标->Procrustes"功能从原始地标获得,并选择"添加尺寸列"。CAC 分析的最后一个特点是,在分析之前如果指定了组,那么数据将以组平均值为中心,有效地消除组间差异。

(5)3D landmarks(3D 地标)

1)主成分(PCA)。在该模块使用时行为样本,三维地标在列的三联中(应先进行 Procrustes 拟合)。该模块与标准 PCA 模块类似,但允许将主成分可视化为远离平均配置的三维向量(箭头)。

2)线性回归(linear regression)。在该模块使用时以行为单位,有一列独立的数据(如尺寸),后面有三列的 Procrustes 拟合的地标位置。输出包括从平均值到变形的地标位置的位移矢量的三维图。

3)共异速组分(common allometric component)。关于二维地标的 CAC 描述见上文。在该模块使用时以行为单位,有一列大小的数据,然后是三列的 Procrustes 拟合的地标位置;位移矢量可以在三维中可视化。

4）地标编辑（edit landmark lines/polygons）。2D 地标和 3D 地标下的这一功能允许选择地标与形态测量图（PCA、薄板样条等）中的线条连接，以提高可读性。在定义链接之前，地标必须存在于主电子表格中。

（6）椭圆傅里叶形状分析（elliptic fourier shape analysis） 要求在轮廓周围有数字化的 x/y 坐标，样本在行中，交替的 x 和 y 值的坐标在列中。椭圆傅里叶形状分析在几个方面优于简单的傅里叶形状分析。一个优点是，该算法可以处理复杂的形状，这些形状可能无法用极坐标的唯一函数来表达。椭圆傅里叶形状现在是一种标准的轮廓分析方法。

1）EFA 系数（EFA coefficients）。该系数的计算过程是给出了前 30 次谐波的 x 和 y 增量的余弦和正弦分量，但只应使用前 $N/2$ 次谐波，其中 N 是数字化点的数量；大小和位置平移被归一化，不进入系数。数据大小（归一化前）在第一列给出。按照 Ferson 等人（1985）的做法，旋转或起始点的可选标准化有时会使形状翻转。"形状视图"允许以图形方式查看椭圆傅里叶形状近似值。

2）EFA 主成分分析（EFA PCA）。该模块是对给定轮廓的 EFA 系数进行主成分分析，将主成分可视化为 EFA 的变形。

（7）Hangle 傅里叶形状分析（Hangle Fourier shape analysis） 要求在轮廓周围有数字化的 x/y 坐标。样本在行中，交替的 x 和 y 值的坐标在列中。Haines & Crampton（2000）提出的分析封闭轮廓的"Hangle"方法对椭圆傅里叶分析是具有挑战性的。与 EFA 相比，Hangle 有一定的优势，最重要的是需要较少的系数来捕捉一定精度的轮廓。这对于统计测试（如 MANOVA）和判别分析来说是很重要的。

（8）坐标变换（coordinate transformation） 本模块可实现不同网格和基准的地理坐标之间的转换。

（9）公开地图（open Street Map） 该模块需要两列以十进制度数为单位的纬度和经度坐标（WGS84 格式），并以其中一种方式在给定坐标处显示带有图形元素的开放街道地图窗口。

（10）图片测量（measure on image） 一个简单的工具来数字化图像上的点坐标、距离和方向。点击"打开"来打开一个图像；右边将出现一个测量列表。如果你用主电子表格中的选定数据来启动这个工具，这些数据将被预先加载到测量列表中。测量列表可以通过"全部复制"按钮复制到 PAST 的电子表格中。新的测量数据将进入列表中的选定行。使用者可以通过点击列表中的行来移动一个点，然后点击图像中的新位置，也可以删除或插入列表中的点。

2.2.11 Stratigraphy（地层学）

（1）统一关联（unitary associations） 统一关联分析是一种生物地层关联的方法。系统要求数据输入包括一个存在/不存在矩阵，样本在行中，分类群在列中。属于同一区段（地点）的样品必须分配到同一组，并在每个区段内按地层排序，使最下层的样本进入最低行。

（2）排列-缩放（ranking-scaling） 排列缩放法是一种基于一些井或剖面的事件的定量生物地层学方法。输入的数据包括行中的井，每行一个井，以及列中的事件（如 FADs

和/或 LADs)。矩阵中的数值是每口井中每个事件的深度,向上递增(可以用负值来实现这一点)。不存在的情况被编码为零。如果只知道事件的顺序,这可以被编码为每个井中增加的整数(等级,对于共同发生的事件可能有并列关系)。

　　(3)约束优化方法[constrained optimization (CONOP)]　深度/水平表,行中有井/区段,列中有事件对。FADs 在奇数列,LADs 在偶数列。缺少的事件用零来编码;PAST 包括一个简单的限制性优化版本。每个分类群的 FAD 和 LAD 都必须在交替列中指定。系统使用模拟退火法:该程序搜索一个全局(综合)的事件序列,这意味着在各个井/区段的范围扩展的最小总量。优化程序的参数包括初始退火温度、冷却步骤的数量、冷却比例(低于 100 的百分比)和每一步的试验数量。

　　(4)置信区间范围(range confidence intervals)　对一个分类群首次或最后出现或总地层范围的置信区间的估计。假设化石地层的随机(泊松)分布,并给定首次出现的基准点(水平),最后出现的基准点和发现分类群的地层总数,则可以计算出一个分类群的地层范围的置信区间。该模块的电子表格中不需要任何数据,程序将询问发现该分类群的地层数量,以及首次和最后出现的级别或日期。

　　(5)无分布范围的置信区间(distribution-free range confidence intervals)　估计首次或最后出现的置信区间。假设地层位置和缺口大小之间没有关联,断面应连续取样。预期每个分类群有一列,其中有发现该分类群的所有地层的级别或日期。这种方法并不假定化石层的随机分布。它要求所有含有分类群的地层的级别或日期都要给出。程序输出置信区间长度的上限和下限,使用 95% 的置信概率,置信度为 50%、80% 和 95%;不能计算的数值用星号标出。

　　(6)地层图(stratigraphic chart)　这个灵活的绘图模块可以生成油井日志和地层剖面的日志。它提供了多个不同类型的图,使其有可能在一个图中结合生物区、岩性、地球化学和地球物理记录以及花粉图。绘图设置与电子表格中的数据一起自动保存在用户的 PAST 文件中。

　　(7)放射性碳标定(Radiocarbon calibration)　这个模块需要有一行或多行放射性碳素的日期,有两列未校准的年龄(BP 1950)和其实验室报告的标准误差。包括两条校准曲线,IntCal20 用于大气(陆地)样品,MarineCal20 用于海洋样品。

▶ 本 章 小 结 ◀

　　虽然 PAST 软件的初衷是为古生物研究而定,但其中包含的众多功能与生态学研究是相吻合的。该软件小巧轻便,界面简洁,所占内存较低,运行速度也较快,适合于一般生态学数据统计分析。PAST 软件基本囊括了近年来常见的各类研究方法,在 4.12b 版本中纳入的最新研究方法则在 2023 年,因此它可称为实时更新软件。PAST 软件包含了基本的数据转换与标准化功能、单元与多元数据统计分析、各类模型分析、多样性分析、时间序列分析、空间格局分析和地层学分析等。多数模块要求的数据组织与录入也较为简易,基本能够实现一键分析。因此,应将 PAST 软件推广到城市树木多样性的研究中,让数据分析变得更便捷简易。

第3章 城市树木多样性数据分析实例

本章将配合实例,一方面通过 step by step 的方式介绍如何使用 PAST 软件;另一方面对所获得的分析结果进行简要解读,这样可使读者达到更好理解数据结果目的。

3.1 数据预处理

在实际的研究中,并不是所有收集到的数据都能够直接利用,尤其是一些极值或偏差较大的,如果不剔除或不加以考虑而直接使用,可能最终会影响到结果的真实性。另外,在一些计算过程中(如 PCA)也需要对数据进行标准化处理,因此数据预处理是城市树木多样性业内分析的关键步骤。对数据预处理一般有:

(1)了解数据的概要 可通过数据的描述性分析实现。

• Step 1:打开 PAST 软件界面后,直接将已整理好的数据整体粘贴到表单中。

• Step 2:【选中需要分析的所有数据】→选择菜单栏中的【Univariate】→【Summary statistics】→【输出结果界面】。

❖结果分析

结果清晰展示了数据的基本情况,包括数据个数、最大值、最小值、总和、平均值、标准差、变异系数、中值等。常见的描述性统计元素均包含在内,可较好地初步了解数据的整体概貌情况。

(2)数据的标准化处理 PAST 软件提供了丰富的数据标准化处理的选项,如对数转换、平方根、立方根、三角函数转换等。在这里,以 z-score 标准化为例进行展示。

• Step 1:【Transform】→【Evaluate expression】→在【expression】栏中输入相应的表达式,此处为:(x-mean)/stdev;在录入公式时尽可能地通过点击相应内容实现→【Compute】。

结果直接由原始数据变为标准化后的结果,可在此基础上再进行其他相应的数据分析。

3.2 数据分析实例

3.2.1 多样性指数

❖实例1

现在某市的 4 个公园内,各随机设置 1 个 20 m×20 m 的样方调查树木多样性,具体调查结果的原始数据如表3-1所示。

表 3-1　不同公园树木多样调查结果

	公园 A	公园 B	公园 C	公园 D
Sp1	3	0	4	0
Sp2	0	5	0	0
Sp3	0	2	0	2
Sp4	2	3	0	2
Sp5	1	0	1	4
Sp6	0	1	1	0
Sp7	1	4	2	0
Sp8	2	0	2	1
Sp9	1	2	3	2
Sp10	0	1	1	1
∑	10	18	14	12

注：Sp 表示物种名。

❖实例操作

● Step 1：打开 PAST 软件界面后，勾选"Row attributes"和"Column attributes"，直接将在 Excel 或其他软件内整理好的原始数据粘贴至软件内（也可以在 PAST 中直接录入，但效率较低，不建议）。需要注意的是，粘贴时应将鼠标放置在红色箭头所示位置，然后再粘贴。当粘贴完成后，再次勾选"Row attributes"和"Column attributes"，则回到正常操作界面；所示界面结果为已被命名好的行和列。该步骤在后续演示中将不再一一叙述。

● Step 2：【选中需要分析的所有数据】→选择菜单栏中的【Diversity】→【Diversity indices】→【输出结果界面】。（图 3-1）

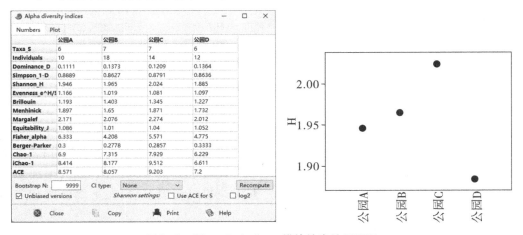

图 3-1　Diversity indices 模块输出结果展示

- Step 3:输出结果的弹窗包含 2 个子界面,其中"Numbers"子界面列出了 PAST 软件所包含的所有多样性指数值;"Plot"界面为能够通过"Index"选项,选择相应的多样性指数,生成主图,便于多样性的比较。同时,"Graph settings"可以对图的一些属性进行设置;但是不难看出,PAST 所生成图的美观度有待提高,在此建议使用者可以在其他专门的制图软件(如 Sigmaplot\Excel 软件)中美化。

❖结果分析

(1)从物种数来看,各公园的物种数为 6 或 7,基本相当。

(2)从典型的多样性指数 Shannon_H 和 Margalef 的值可以看出,公园 C 的值最大,分别为 2.024 和 2.274;因此,公园 C 的树木多样性为最优。

3.2.2　种间相关性

❖实例2

以实例 1 的调查数据为例(表 3-1),了解城市公园树木配置情况及管理部门的喜好,即各树种的相关性越高则表示其栽植的频率越高。

❖实例操作

- Step 1:完成实例 1 的【Step 1】步骤。

- Step 2:【全选所有数据】(可手动全选,或点击菜单栏的【Select all】)→选择菜单栏中的【Edit】→【Rearrange】→【Transpose】;此时数据的行列进行互换。

- Step3:单击【Select all】→【Univariate】→【Correlation】→【输出结果窗口】。(图 3-2)

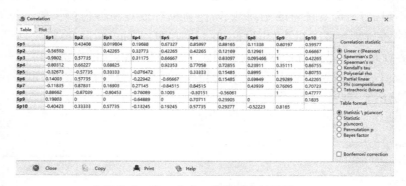

图 3-2　Correlation 模块输出结果展示

- Step 4:输出结果的弹窗包含 2 个子界面,其中"Table"子界面列出了 PAST 软件所包含的各相关性指数。在此界面,通过"Correlation statistic"选择需要的相关性分析,表格中的数据就会发生相应的变化。"Table format"则可选择需要列出的内容,一般多选"Statistic \ p(uncorr)",表格的右上部分为不相关的双尾概率,而左下部分为相关指数值。

- Step 5:"Plot"界面则以图的形式显示相关性。"Plot"界面可通过"Significance"选项标识出相关性的种对;还可通过其他选项调整图的内容,如是否显示相关性数据、下半三角矩阵内容等。如图 3-3 所示。

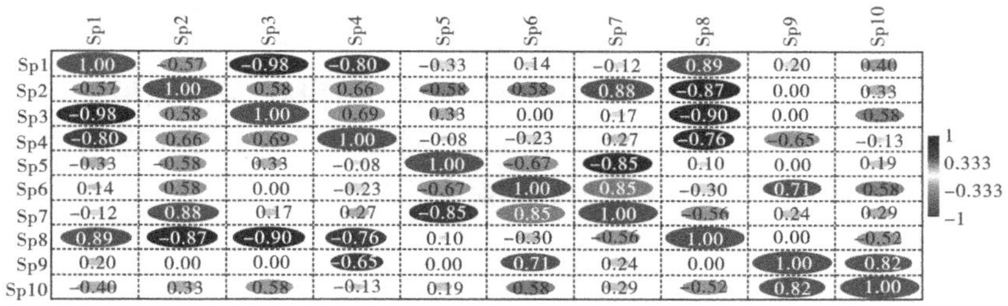

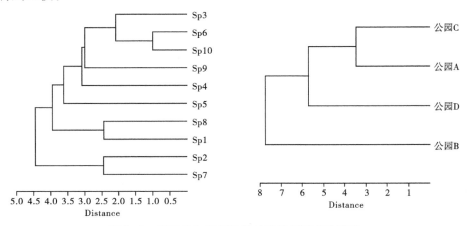

图 3-3　Correlation 矩阵图

❖结果分析

（1）常用的 Pearson 和 Spearman 相关性检验在该模块中均能实现，可以通过切换快速获得分析结果。

（2）从 Plot 图的椭圆大小和颜色深浅可知，椭圆面积越大的相关性越高；颜色呈蓝色的为正相关，为红色的是负相关，而白色的趋于不相关。

（3）本例中，Sp2-Sp7，Sp9-Sp10 等为典型的正相关；Sp3-Sp8、Sp1-Sp4 等为典型的负相关。

3.2.3　聚类分析

❖实例 3

以实例 1 的调查数据为例（表 3-1），了解城市不同公园之间的群落结构及物种间的相似性。

❖实例操作

● Step 1：完成实例 1 的【Step 1】步骤。

● Step 2：点击菜单栏的【Select all】→选择菜单栏中的【Multivariate】→【Clustering】→【Classical】→【输出结果窗口】（图 3-4）。若是对不同公园进行聚类，则通过【Transpose】进行行列互换。

图 3-4　基于非加权组平均法及欧氏距离的聚类

- Step3：在聚类结果展示窗口内，一是通过【Algorithm】选择 3 种不同的聚类方法；二是通过【Similarity index】选择 24 种不同的相似或相异性系数；三是通过不同的聚类方法和相似性系数的选择，可获得不同的聚类结果。

- Step3：也可通过勾选【Two-way】同时获得物种和样地的聚类结果。

- Step4：如需重新制图，可以点击【Save Nexus】保存系统计算出各树种或样点间的距离系数；需要注意的是，在保存文件时，不仅需要给文件命名，而且需要输入文件类型的后缀，如.txt 或.doc 等。

❖结果分析

（1）从样地的相似性看，公园 A 与公园 C 的相似较高，而公园 B 是与所有公园的差异最大的。

（2）从物种的组成结构来看，Sp2-Sp7、Sp3-Sp6-Sp10 等较为接近。

（3）在 PAST 系统中，还提供了诸如邻接法、K 均值聚类等其他方法供选使用，可根据研究实际情况参考。

3.2.4　主成分分析

❖实例 4

问题：哪些因子对树木的分布起着关键性因素？获取某一树种的 50 个天然分布地坐标，同时获取这些分布地的 19 个生物气候因子，构建了一个 50×19 的数据矩阵进行主成分分析。

❖实例操作

- Step 1：完成实例 1 的【Step 1】步骤。

- Step 2：对原始数据标准化：点击菜单栏的【Select all】→【Transform】→【Evaluate expression】→在窗口下方的【Expression】选择输入【x（current cell）- mean（of current column）/stdev（standard deviation）】→【完成数据中心化标准】。

- Step 3：选择菜单栏中的【Multivariate】→【Ordination】→【Principal Components, PCA】→【输出结果窗口】（图 3-5）。

- Step 4：获得【输出结果窗口】，在【Matrix】里做选择：① 如所有变量均以同一单位计算（如 cm、ml 等），则采用【Variance -

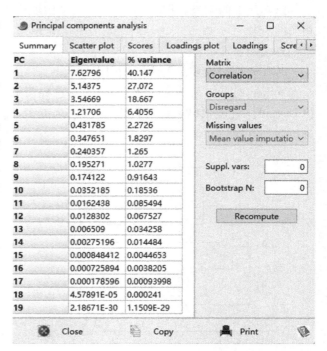

图 3-5　主成分分析输出结果

covariance】(方差-协方差);② 如果变量以不同的单位测量,则使用【Correlation】(相关性)→【Recompute】。

● Step 5:在【输出结果窗口】内进行翻页获得如下内容:Scatter plot(分布图)、Scores(得分)、Loadings plot(因子载荷图)、Loadings(因子载荷)、Scree plot(贡献率图)、Sphericity(球度)和 3D scatter(3D 分布图)。(图 3-6)

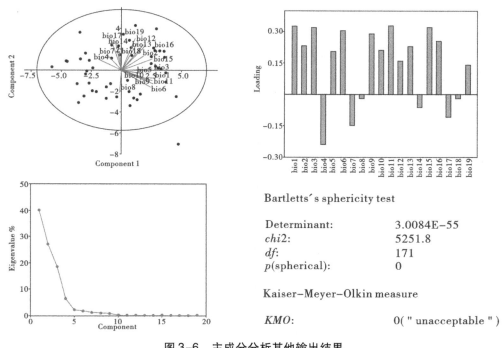

Bartletts′s sphericity test

Determinant:	3.0084E-55
*chi*2:	5251.8
df:	171
p(spherical):	0

Kaiser-Meyer-Olkin measure

KMO:	0(" unacceptable ")

图 3-6　主成分分析其他输出结果

❖ 结果分析

(1)主成分分析是一种多变量统计方法,它是最常用的降维方法之一;主成分分析的目的就在于找出影响事件的关键性。因此,如果分析因子过少,主成分分析的意义就不大。

(2)在看主成分分析结果的同时,还应做球体检验(即系统中的【Sphericity】),本案例的 KMO 检验结果为 0.7030,意味着结果"好"的等级。一般认为:KMO < 0.5 为不可接受,0.5≤KMO < 0.7 为中等,0.7≤KMO <0.8 为好,0.8≤KMO < 1 为优秀。

(3)参与主成分分析的变量必须为连续变量,如降水、海拔、温度等;名称变量(分类变量,即无大小区分)不宜作为分析数据,即使系统机械地将此类已经赋值的变量参与主成分分析,但实际无意义。

(4)主成分的特征值【Eigenvalue】要大于 1,贡献率【% Variance】累加要超过 75% 且最好集中在前几个主成分,由这些结果来判读输出的结果。

3.2.5　主坐标分析

❖实例5

随机调查了 6 种城市环境下 12 种树木的个体数,探讨不同生境间的相似性,具体调查结果的原始数据如表 3-2 所示。

表 3-2　6 种城市环境下 12 种树木的数量

	Env1	Env2	Env3	Env4	Env5	Env6
Sp1	420	7	115	112	22	152
Sp2	437	25	167	28	13	3
Sp3	401	209	147	14	26	111
Sp4	511	52	199	7	60	23
Sp5	376	310	25	42	28	0
Sp6	345	256	12	10	17	0
Sp7	367	161	24	59	9	1
Sp8	332	229	2	26	31	2
Sp9	92	49	2	15	29	1
Sp10	243	30	7	74	79	0
Sp11	183	88	12	37	47	6
Sp12	169	117	2	16	32	0

❖实例操作

• Step 1:完成实例 1 的【Step 1】步骤。

• Step 2:点击菜单栏的【Select all】→【Multivariate】→【Ordination】→【Principal coordinates,PCoA】→【输出结果窗口】。(图 3-7)

• Step 3:获得【输出结果窗口】,在【Similarity index】里选择系统提供的相似性系数,一般多选【Euclidean】;在【Transformation exponent】选择幂指数 c 值,标准值为 2→上述选择完成后,点击【Recompute】→【输出结果窗口】。

• Step 4:【输出结果窗口】的首页为 Summary(概要),另外还有 Scatter plot(分布图)和 Scores(得分)。

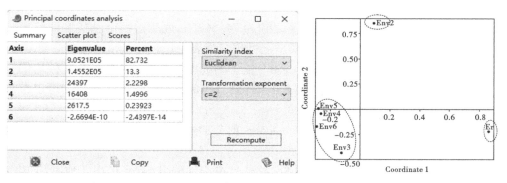

图 3-7　主坐标分析输出结果

❖结果分析

（1）主坐标分析（PCoA）是一种研究数据相似性或差异性的可视化方法,通过一系列的特征值和特征向量进行排序后,选择主要排在前几位的特征值,PCoA 可以找到距离矩阵中最主要的坐标,结果是数据矩阵的一个旋转,它没有改变样本点之间的相互位置关系,只是改变了坐标系统;通过 PCoA 可以观察个体或群体间的差异。

（2）通过上述结果分析可以清楚看出,所选的 6 种城市环境大致可划分为 3 类,分别是 Env1、Env2 及其他生境（图中虚点圈为后续绘图时手动添加,并非系统自动生成）。

3.2.6　对应分析

❖实例6

以实例 5 数据为基础,了解不同树种对城市环境的偏好性。

❖实例操作

● Step 1:完成实例 1 的【Step 1】步骤;同时对实例 5 的数据通过【Edit】→【rearrange】→【Transpose】进行数据转置。

● Step 2:点击菜单栏的【Select all】→【Multivariate】→【Ordination】→【Correspondence（CA）】→【输出结果窗口】。（图 3-8）

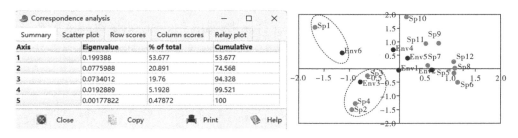

图 3-8　对应分析输出结果

● Step 3:获得【输出结果窗口】,在此窗口下可见 Summary、Scatter plot、Row scores 和 Column scores;其实后面两项就是 Q 型因子和 R 型因子分析。

❖结果分析

（1）第一维与第二维的累计贡献率之和为 74.568% ，说明前两个轴代表的信息较为丰富，因此行和列的类目之间的联系实质上可用二维表示。

（2）从该图的分布情况可以看出，Env1 位于图的中心位置，说明所有树种均偏好于此环境；Sp2、Sp3、Sp4 偏向于 Env3，而 Sp1 偏向于 Env6 和 Env4 等；其他解读可以参考相应文献（何先平等，2015）。

（3）可以利用 Row scores 和 Cloumn scores 前 2 轴数据进行解读或重新在其他软件内进行绘图。

（4）对应分析又称 R-Q 型因子分析，最早是由法国的 Benzeci 提出。他利用 R 型与 Q 型因子分析的对偶性，把两者结合成一个统一的计算分析方法，使 R 型与 Q 型因子分析具有相同的主因子，揭示出变量与样本之间的内在联系。通过因子分析，可以把错综复杂的多个变量，归结为少数几个独立的新变量，在原始信息损失不多的情况下，找出起主要作用的因素（吕厚远等，1991）。

3.2.7　除趋势对应分析

❖实例7

以实例 5 的数据为基础，进行除趋势对应分析。

❖实例操作

操作过程与对应分析类似，在此不再赘述。

❖结果分析

（1）除趋势对应分析 DCA（Detrended correspondence analysis）是为了消除对应分析 CA（Correspondence analysis）在长生态梯度的排序时容易出现"弓形效应"而产生；为此，它在运行过程中对第二轴的坐标值进行了处理，即在排序的过程中当确定第二排序轴坐标时，将第一排序轴分成数个长度相等的区间，在每一个区间内将第二轴原坐标值以平均数为零的方式对之进行调整，借此除趋势的步骤来消除"弓形效应"的影响。

（2）在【输出结果窗口】可见有【Detrending】可勾选是否需要除趋势。其中的 Eigenvalue 代表了各个轴的重要性，可见 4 个轴中以轴 1 的值最大。在此例中，整体结果并不理想。

（3）有学者认为 RDA 或 CCA 模型的选择原则：先用丰度矩阵数据做 DCA 分析，看分析结果中 Axis Lengths of gradient 的轴的大小，如果大于 4.0，推荐选 CCA，如果 3.0~4.0，选 RDA 和 CCA 均可，如果小于 3.0，推荐使用 RDA。

3.2.8　典范对应分析

❖实例8

现假设在城市公园设置了 8 个样方，获得了 4 个环境因子和 10 个优势树种的重要值数据（表 3-3），探讨样方-环境因子、树种-环境因子的相关性。

表 3-3　不同城市环境下树木的重要值分布

样地	环境因子				物种重要值									
	郁闭度	土壤湿度	凋落物厚度	干扰度	S1	S2	S3	S4	S5	S6	S7	S8	S9	S10
A1	0.56	0.73	8.2	0.81	25.16	27.71	25.80	21.97	17.83	16.88	14.97	18.79	20.06	15.92
A2	0.38	0.54	9.6	0.34	19.11	31.85	16.24	9.87	14.01	6.05	4.78	8.28	7.01	4.14
A3	0.86	0.76	5.6	0.45	27.39	23.89	22.93	23.89	20.38	22.61	18.47	20.06	25.16	22.93
A4	0.67	0.81	8.4	0.44	14.01	21.97	21.34	27.39	26.43	25.48	22.61	28.66	27.39	27.07
A5	0.90	0.83	7.2	0.43	19.43	31.85	15.61	10.83	20.06	8.60	7.01	10.51	7.96	5.73
A6	0.64	0.59	7.3	0.32	22.61	25.80	28.03	23.57	21.02	19.75	21.66	24.52	21.02	18.79
A7	0.36	0.53	6.2	0.56	7.96	7.96	7.96	7.96	7.96	31.85	15.92	23.89	15.92	7.96
A8	0.34	0.63	5.1	0.81	31.85	23.89	23.89	31.85	23.89	31.85	23.89	31.85	23.89	31.85

❖实例操作

● Step 1：完成实例 1 的【Step 1】步骤。

● Step 2：点击菜单栏的【Select all】→【Multivariate】→【Ordination】→【Canonical correspondence analysis(CCA)】。

● Step 3：此时系统会弹出提示窗，【No. of environ. vars】→(此处输入 4，表示有 4 个环境因子)→【OK】→【输出结果窗口】。(图 3-9)

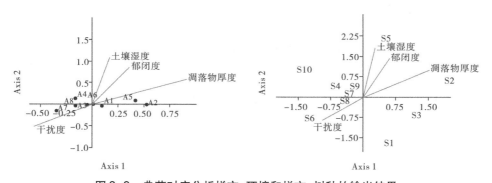

图 3-9　典范对应分析样方-环境和样方-树种的输出结果

● Step 4：在【Scatter plot】的界面可通过不同轴的选择看数据的分布情况，同时也可以通过其他选择将样地、物种及 Triplot 等投摄到该图中。

● Step 5：在【Scores】、【Eigenvalue】和【Permutation】里面可进行各种特征根、累计贡献、显著性检验等(图 3-10)。

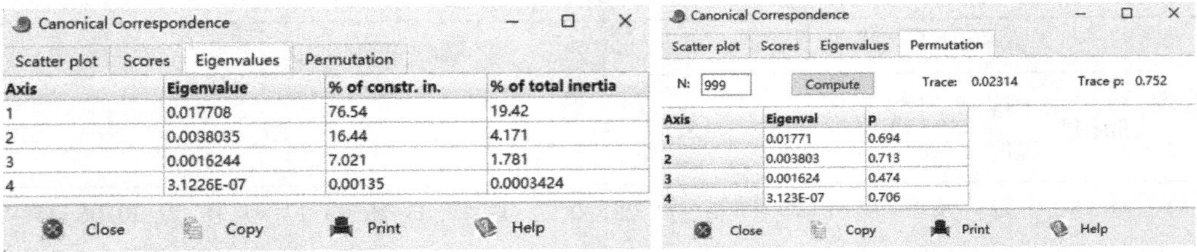

Axis	Eigenvalue	% of constr. in.	% of total inertia
1	0.017708	76.54	19.42
2	0.0038035	16.44	4.171
3	0.0016244	7.021	1.781
4	3.1226E-07	0.00135	0.0003424

N: 999 Compute Trace: 0.02314 Trace p: 0.752

Axis	Eigenval	p
1	0.01771	0.694
2	0.003803	0.713
3	0.001624	0.474
4	3.123E-07	0.706

图 3-10 典范对应分析的特征根与显著性输出结果

❖结果分析

(1)CCA 二维排序图,其中每个箭头指示一个环境因子,中心点到箭头连线的长短表示物种的分布与该环境因子关系的强弱,箭头连线与排序轴的夹角表示环境因子与排序轴的相关性大小,箭头所处象限表示环境因子与排序轴的正负相关性(朱弘等,2021)。

(2)从特征值的分布来看,轴 1 和轴 2 分别获得了 0.017 708 和 0.003 803 5,它们对应的方差贡献率分别为 76.54% 和 16.44%,累计达 92.98%,具有代表性。

(3)但从 Permutation 的检验结果来看,4 个轴的 p 值均大于 0.05,故环境因子对树种分布的影响不显著。

(4)在此还需要注意的是,典范对应分析和冗余分析(redundancy analysis,RDA)均是由对应分析发展起来的排序方法,但两者排序结果一般一致,只是 RDA 是基于线性模型而 CCA 是基于单峰模型。选用哪种排序?一般是先通过样本-样方的数据做 DCA,然后根据 Lengths of gradient 的第一轴的大小来选择:>4.0,3.0~4.0 和<3.0 则分别选择 CCA、RDA 和 CCA 均可。遗憾的是在 PAST 当前版本中,并未提供 Lengths of gradient 的值供参考。

3.2.9 无度量多维标定排序

❖实例 9

以实例 8 的数据为基础,进行无度量多维标定排序。

❖实例操作

• Step 1:完成实例 1 的【Step 1】步骤。

• Step 2:点击菜单栏的【Select all】→【Multivariate】→【Ordination】→【Non-metric MDS】。

• Step 3:此时系统会弹出一空白窗,在窗口的右侧做选择:【Similarity index】(相似或距离系数),【Dimentionality】(输出 2 维或 3 维图),【Environm. vars】(此处输入 4,表示有 4 个环境因子)→【Compute】→【输出结果窗口】。(图 3-11)

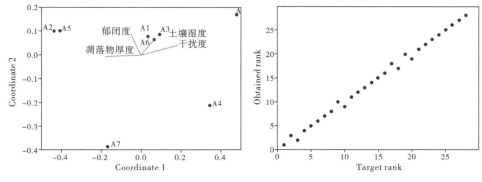

图 3-11　无度量多维标定排序输出结果

- Step 4：在【Scatter plot】的界面可通过不同组合勾选看数据的分布情况。
- Step 5：在【Scores】、【Shepard plot】和【Variance】获得相应的分析数据。

❖结果分析

（1）从排序图可以看出 A1、A3 和 A6 这 3 个样地在距离上更为接近，因此具有较高的相似性；而土壤湿度、干扰度等对他们的影响较大。

（2）Shepard plot 的结果反映了数据的可靠性：首先，折线越趋近于一条平滑的斜线表明 MDS 降维的效果越好；其次，胁强系数（Stress）是检验 NMDS 分析结果的优劣的另外一个标准。一般来说，当 stress<0.2 时，可用 NMDS 的二维点图表示，其图形有一定的解释意义；当 stress<0.1 时，可认为是一个好的排序；当 stress<0.05 时，则具有很好的代表性。本例的胁强系数为 0.0322，说明数据具有代表性。

▶ **本 章 小 结** ◀

本章从数据预处理开始，详细介绍了城市树木多样性研究中最为常见的 9 种分析方法，包括多样性指数计算、种间关系、聚类和排序；通过 step by step 的方式演示了如何高效便捷地使用该软件。同时，通过各实例结果的解读，可以更好地理解数据的内涵。当然，在实际的城市树木多样性研究中不可能局限于上述的方法，多数还会涉及诸如统计推断、x^2 检验、方差分析、回归分析等内容。但其操作过程与上述演示几乎大同小异，可自行学习掌握。

第 4 章 城市树木多样性研究实践案例

本章以江苏省苏州、南京和连云港等市为研究地,以城市公共绿地、城市近郊次生林群落、城市古树名木及城市树木引种等为研究实例,在介绍当前城市树木多样性研究理论方法的同时,探讨城市树木多样性存在的问题,旨在为丰富城市树木多样性和构建绿色森林城市抛砖引玉。

4.1 城市公共绿地树木多样性分析

公共绿地稳定健康的发展可提高城市环境效益,城市公共绿地的群落结构及其稳定性对于城市环境有很大的影响(刘玉平等,2014;Larson et al. ,2016)。过去几十年,越来越多的研究热点投射到城市生态学方面,这不仅仅是因为城市化进程对自然生态系统造成了深刻影响,同时学者也开始意识到可将城市区域作为主体来提升和保护生物多样性(Nielsen et al. ,2014;Latinopoulos et al. ,2016),从而改变城市自然环境与生物多样性方面的窘境。城市生物多样性是全球生物多样性的一个特殊组成部分,是城市范围内除人以外的各种活的生物体,在有规律地结合的前提下,所体现出来的基因、物种和生态系统的分异程度(王敏和宋岩,2014)。随着城市生态环境的不断恶化,人类对城市生态环境保护逐渐重视,同时也意识到城市生物多样性保护和建设的重要性,城市生物多样性水平也已成为城市生态环境建设的一个重要内容和指标(张运春等,2008)。研究城市公共绿地的树木多样性水平,对于认识城市化对植物多样性影响,城市植被的生态效益,以及合理的城市园林绿地建设和管理均具有重要的意义。

4.1.1 材料与方法

4.1.1.1 研究地概况

连云港市位于江苏东北部(33°59′~35°07′N,118°24′~119°48′E),东面临海;土地总面积 7499.9 km²,市区建成区面积 120 km²。连云港是中国首批沿海开放城市之一,具有中国十大幸福城市、国家创新型城市试点城市、长三角区域经济一体化成员、新亚欧大陆桥经济走廊首个节点城市、丝绸之路经济带东方桥头堡、国际性港口城市、中国十大海港之一等众多荣誉称号,其城市园林绿化环境对提升城市形象、促进经济发展、改善居民生活质量方面均具有重要的意义。

该区域坐落于鲁中南丘陵与淮北平原的接合部,地貌基本分布为西部岗岭区、中部平原区、东部沿海区和云台山区四大部分;境内云台山玉女峰为全境最高峰,海拔

624.4 m。连云港属暖温带南区,年均温 14 ℃,最冷月均温-0.4 ℃(极端低温-19.5 ℃),最热月均温 26.5 ℃(极端高温 39.9 ℃);年均降水量约 920 mm,无霜期 220 d。受海洋调节,气候类型为湿润季风气候,伴有海洋性气候特征;形成了冬季寒冷干燥,夏季高温多雨的气候特点。

4.1.1.2　数据收集

本研究采用全面积取样方法,即将连云港市辖区的 10 个公共绿地分别作为一个调查单元,对绿地内分布的树木进行每木调查,合计调查面积 117.86 ha。其中,调查树木定义为高度≥3 m 或胸径>5 cm 的木本植物,详细记录物种名、树木高度、胸径、冠幅等;同时对公共绿地的性质、面积、周边环境、人为活动情况、建成年代等基本信息进行记录(表 4-1)。

表 4-1　连云港公共绿地概况

编号	名称	绿地类型	面积/ha	建成时间	所在地
Q1	苍梧绿园	综合公园	4.28	1997	海州区
Q2	海州公园	专类公园	14.44	2009	海州区
Q3	郁洲公园	专类公园	14.00	2007	海州区
Q4	新浦公园	专类公园	1.10	1963	海州区
Q5	市政府南侧景观大道	街旁绿地	2.57	2005	海州区
Q6	市政府西侧沿河绿地	街旁绿地	2.20	2005	海州区
Q7	星海湖公园	综合公园	9.00	2013	高新区
Q8	北崮山公园	综合公园	9.30	1964	连云区
Q9	在海一方公园	带状公园	25.27	2005	连云区
Q10	和安湖湿地公园	综合公园	27.72	2009	赣榆区

4.1.1.3　分析方法

利用了区系分析、重要值、多样性指数、相似性指数等对数据进行分析。原始数据由 Excel 2016 进行汇总归类,完成相应的绘图及重要值计算;多样性指数及 Jaccard 相似性指数由 PAST 软件完成。具体公式及计算方法参见本书第 1 章至第 3 章。

4.1.2　结果与分析

4.1.2.1　树木组成结构及区系

(1)树木组成　公共绿地物种的组成虽然带有强烈的人为干预色彩,但出现频率高的科属同时也说明了这类植物在该地区对环境的适应性,亦为引种与开发利用提供了参考依据。表 4-2 所列为连云港地区公共绿地物种的科属种组成。结果表明 10 个样地中共有树木 28 科 58 属 84 种,其中裸子植物 4 科 9 属 13 种,被子植物 24 科 48 属 71 种;常绿树木有 18 种,落叶的 66 种;同时,海州区样地有 26 科 53 属 66 种树木,其他市辖区样地有树木 21 科 40 属 54 种。含有树木种类最多的是蔷薇科(Rosaceae)(9 属 14 种),其次树木种类大于 4 的科有杨柳科(Salicaceae)(2 属 9 种)、松科(Pinaceae)(4 属 6 种)、漆树科(Anacardiaceae)(1 属 5 种)、豆科(Leguminosae)(4 属 4 种)、木犀科(Oleaceae)(4 属 4 种)、木兰科(Magnoliaceae)(3 属 4 种)和榆科(Ulmaceae)(3 属 4 科);上述这些科共含有 50 种树木,占所有种类近 60%,因此它们在分类单元的多样性上较丰富,如杨树(*Populus* spp.)和槭树(*Acer* spp.)分别有 7 种和 5 种。其余科含有的树种在 1~3 种之间,其中单属单种的科有 10 个,占所有科的 37.1%;虽然这些科在种类构成上数量不占优势,但诸如落羽杉(*Taxodium distichum*)、银杏(*Ginkgo biloba*)、枫香树(*Liquidambar formosana*)等有一定个体数量在公共绿地中出现。

表 4-2   连云港市主要公共绿地树种构成

科名	属数:种数	科名	属数:种数
柏科 Cupressaceae	2:3	蔷薇科 Rosaceae	9:14
大戟科 Euphorbiaceae	2:2	桑科 Moraceae	1:1
豆科 Leguminosae	4:4	杉科 Taxodiaceae	2:3
椴树科 Tiliaceae	1:1	柿树科 Ebenaceae	1:1
胡桃科 Juglandaceae	2:2	松科 Pinaceae	4:6
金缕梅科 Hamamelidaceae	1:1	无患子科 Sapindaceae	2:2
壳斗科 Fagaceae	2:3	梧桐科 Sterculiaceae	1:1
苦木科 Simaroubaceae	1:1	玄参科 Scrophulariaceae	1:1
楝科 Meliaceae	2:2	悬铃木科 Platanaceae	1:3
木兰科 Magnoliaceae	3:4	杨柳科 Salicaceae	2:9
木犀科 Oleaceae	4:4	银杏科 Ginkgoaceae	1:1
漆树科 Anacardiaceae	2:2	榆科 Ulmaceae	3:4
槭树科 Aceraceae	1:5	樟科 Lauraceae	1:2
千屈菜科 Lythraceae	1:1	棕榈科 Palmae	1:1

(2)累计多度与频度分析   多度是物种的个体数目或种群密度的反映,或者说优势度和均匀度的度量指标(兰国玉等,2011);同时种-多度可以全面描述群落物种的组成结构,是物种多样性的一个重要方面(张勇杰等,2014)。图 4-1a 所示为研究绿地内所有乔木树种的百分比累计多度分布,其分布曲线拟合符合对数函数曲线[$y = 22.122\ln(x) + 9.4684, R^2 = 0.955, p<0.001$]。样地内共计有 11 479 株树木出现,其中落羽杉个体数最多有 1246 株,占整体个体数的 10.85%;个体数在 5% 以上的有银杏(8.96%)、垂柳(*Salix babylonica*)(7.93%)和荷花玉兰(*Magnolia grandiflora*)(5.39%)。随着物种数的增加,累计百分比数值不断增大,具体表现为 15 个物种累计 71.16%、30 个物种已达 90。

48%。由此可知，虽然有84种树木在公共绿地中出现，但绿地系统中乔木的构成主要集中在前30个物种。

　　城市公共绿地树种频度是该地区园林资源应用的具体体现，是城市环境与树种长期相互选择的结果；因此园林树种频度结构图可较为清晰地了解连云港地区树种的配置与种植情况（图4-1b）；横坐标1至10对应的频度分别为1%～10%，10.1%～20%……，90.1%～100%。在10个公共绿地中均出现的有3种树木，分别为合欢（*Albizia julibrissin*）、荷花玉兰和银杏；出现次数在60%～90%的有19种，占所有树种比例的22.6%；较为典型的有落羽杉、女贞（*Ligustrum lucidum*）、雪松（*Cedrus deodara*）、栾树（*Koelreuteria paniculata*）、榉树（*Zelkova serrata*）、二球悬铃木（*Platanus acerifolia*）、乌桕（*Sapium sebiferum*）、枇杷（*Eriobotrya japonica*）、榆树（*Ulmus pumila*）等。出现频率在20%～50%的有25种，占所有树种比例的29.8%；较为典型的有石楠（*Photinia serratifolia*）、枫香树、紫薇（*Lagerstroemia indica*）、刺槐（*Robinia pseudoacacia*）、榔榆（*Ulmus parvifolia*）等。只出现1次的树种有37种，占所有树种比例的44.1%，这也是所有树种频率当中占比最大的部分；如胡桃（*Juglans regia*）、楝（*Melia azedarach*）、麻栎（*Quercus acutissima*）、流苏树（*Chionanthus retusus*）、梣叶槭（*Acer negundo*）等；这部分树种在公共绿地内以零星方式出现，旨在提升绿地的树种多样性或景观多样性。

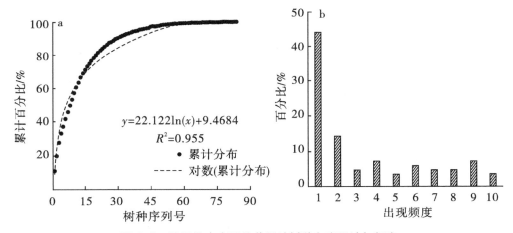

$$y=22.122\ln(x)+9.4684$$
$$R^2=0.955$$

● 累计分布
- - - - 对数（累计分布）

图4-1　连云港市主要公共绿地树种多度累计与频度

4.1.2.2　树区系性质

　　对连云港主要绿地乔木属的分区类型进行统计分析表明（图4-2），分布区类型大小依次为温带分布＞热带分布＞中国特有分布＞世界广布。温带分布区类型是所有类型中最多的，占71.93%；其中典型的属有栎属（*Quercus*）、胡桃属（*Juglans*）、苹果属（*Malus*）、杨属（*Populus*）、榆属（*Ulmus*）、柳属（*Salix*）、木兰属（*Magnolia*）、木犀属（*Osmanthus*）等。热带分布属占22.81%，常见

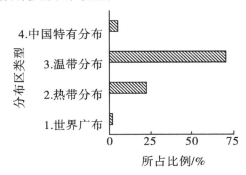

图4-2　连云港市主要公共绿地树种属的
分布区类型

的属有乌桕属(*Sapium*)、合欢属(*Albizia*)、樟属(*Cinnamomum*)、无患子属(*Sapindus*)、秋枫属(*Bischofia*)、柿属(*Diospyros*)等。中国特有分布属有 3 个,分别是水杉属(*Metasequoia*)、栾树属(*Koelreuteria*)和银杏属(*Ginkgo*)。世界广布属仅刺槐属(*Robinia*)。因此,从属的层次上可以清晰看出该区域园林树种以温带分布为主,符合城市所处的地理区域。

4.1.2.3　树木胸径结构特征

结合公共绿地的建成年代,城市绿地树木胸径结构特征在一定程度上可反映出不同时间段对园林树种的选用情况及整体树龄的分布结构特征(谢春平,2017)。将连云港主要公共绿地内的所有树木胸径每隔 15 cm 划分一个等级,当大于 45 cm 时归为一个等级,共分Ⅳ级;各样地内不同等级胸径所占百分比如图 4-3 所示。从图 4-3 不难看出,各公共绿地均以中小径级的树木为主(Ⅰ和Ⅱ级),且随着胸径增大,大径级树木的数量逐渐减少;除了少数几个公共绿地外(如苍梧绿园 Q1、北崮山公园 Q8 等),所有公共绿地的中小径级的树木的比重均超过了 50%,尤其是海洲公园 Q2、郁洲公园 Q3 和安湖湿地公园 Q10 情况等较为突出。这说明这些绿地以新生或新栽植、幼龄树木居多,树木能够得到及时的更新与补充。胸径>45 cm 的树木仅出现在北崮山公园与新浦公园,占所有树木比重的 5% 以上;而这两个公园均建于 20 世纪 60 年代,年代较为久远,故大胸径与大龄树木

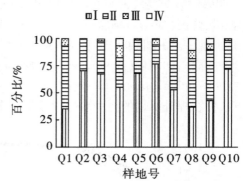

图 4-3　连云港市主要公共绿地树木胸径结构分布

也较多。因此,从整体胸径结构分布来看,连云港各公共绿地以中小径级树木居多,树龄结构呈现正金字塔状,在一定程度上可保证公园树木种群的正常发展。

4.1.2.4　重要值

表 4-3 所列为调查各样地内重要值排在前 10 的树种,其表现以下几个特征:①整体而言,各样地位列前 10 树种的重要值之和均在 60% 以上,基本可代表其所在样地的重要性;其中,重要值之和最大的是样地 Q5,达 94.61%,最小的是 Q8,为 65.06%。②优势树种突出,重要值大。如苍梧绿园的响叶杨(*Populus adenopoda*)(12.51%)与落羽杉(*Taxodium distichum*)(10.35%),新浦公园的二球悬铃木(*Platanus × acerifolia*)(17.94%)、东京樱花(*Cerasus yedoensis*)(15.30%)、柏木(*Cupressus funebris*)(13.48%)等均超过 10%;这充分说明了少数几个树种构成了这些绿地的主要群落结构,重要性突出。③从区域性来看,植物运用的偏向性明显。海州区分布的 6 个绿地中,蔷薇科植物的重要值在 5 个公共绿地中位列前茅,如紫叶李(*Prunus cerasifera* f. *atropurpurea*)或东京樱花;而其他市辖区的绿地仅有一个有紫叶李的重要值排名进入前 5,这充分说明了海州区的蔷薇科树种的重要值较其他市辖区较高,更加注重绿地的观赏性;即更多地利用蔷薇科树种丰富绿地景观,以满足市民的休闲玩赏需要。④区域性植物明显。杨柳科作为

温带地区公园绿地出现频度较高的物种,在连云港 10 个公共绿地中也占有一定的比重,说明该科植物在大部分绿地群落中也具有一定的重要性;但由此带来的花期柳絮、杨絮问题也较为严重。⑤基调树种突出。一方面,银杏作为连云港市树,在大部分样地中的重要值均较大,是连云港绿地群落的重要组成部分,也体现出连云港市绿化的地方特点;另一方面,荷花玉兰(*Magnolia grandiflora*)、二球悬铃木、落羽杉等植物在多数样地中有一定的重要值,也说明了城市公共绿地之间的同质性严重的问题。⑥部分样地优势种过度集中。市政府南侧景观大道(Q5)的优势度指数最高,说明其优势种最为集中,结合重要值来看荷花玉兰(21.91%)、银杏(16.58%)、紫叶李(15.10%)、东京樱花(12.73%)在该群落中的重要值均超过 10%,说明这 4 个树种是该绿地的主要构成部分;此外,样地Q2、Q4 和 Q7 的优势度指数均>0.1,也说明了这几个公共绿地均由少数几个种占据较大优势的情况。

表 4-3　连云港市主要公共绿地树木重要值

物种名	样地号									
	Q1	Q2	Q3	Q4	Q5	Q6	Q7	Q8	Q9	Q10
白兰 *Michelia alba*					1.39					
柏木 *Cupressus funebris*				13.48				7.29		
臭椿 *Ailanthus altissima*							4.62			
垂柳 *Salix babylonica*	8.06	11.50	5.22	9.82		8.98	20.83			8.42
东京樱花 *Cerasus yedoensis*			12.42	15.3	12.73	9.57				
二球悬铃木 *Platanus acerifolia*	4.26		4.17	17.94		9.48		10.62	5.14	
枫香 *Liquidambar formosana*	3.77				9.70					
合欢 *Albizia julibrissin*						6.10				8.70
荷花玉兰 *Magnolia grandiflora*		4.20		2.40	21.91	7.11	13.77	5.00	6.53	3.78
黑松 *Pinus thunbergii*		7.11	4.87					11.80	14.86	
加杨 *Populus × canadensis*									5.58	
榉树 *Zelkova serrata*			7.23	6.55			3.63			
栗 *Castanea mollissima*								3.09		
龙柏 *Sabina chinensis*			4.40		5.38		5.46			
栾树 *Koelreuteria paniculata*		2.87								5.14
落羽杉 *Taxodium distichum*	10.35	17.11					20.50	6.25	6.47	18.44
毛白杨 *Populus tomentosa*				5.23						
女贞 *Ligustrum lucidum*	5.76			2.27	7.65		3.91		6.29	4.38
朴树 *Celtis sinensis*	6.58						5.62			

续表 4-3

物种名	样地号									
	Q1	Q2	Q3	Q4	Q5	Q6	Q7	Q8	Q9	Q10
乌桕 *Sapium sebiferum*	5.42				1.65	2.73	4.04			
无患子 *Sapindus saponaria*										4.41
梧桐 *Firmiana platanifolia*			8.29							
响叶杨 *Populus adenopoda*	12.51					11.93				
小钻杨 *Populus × xiaozhuanica*										5.57
杏 *Armeniaca vulgaris*		3.88								
雪松 *Cedrus deodara*	4.84		5.40	6.68	2.52				5.92	9.59
银杏 *Ginkgo biloba*	4.16		19.82	8.75	16.58	14.48	9.88	3.02	7.87	11.52
玉兰 *Magnolia denudata*		21.48						3.96		
元宝槭 *Acer truncatum*		3.30								
樟 *Cinnamomum camphora*		5.39					3.10	8.57		
紫薇 *Lagerstroemia indica*						2.50				
紫叶李 *Prunus cerasifera* f. *atropurpurea*		8.20	3.91		15.10	15.47			11.37	
棕榈 *Trachycarpus fortunei*									8.84	
重要值总计	65.71	85.04	75.73	88.42	94.61	88.35	89.9	65.06	78.87	79.95
优势度指数 C	0.057	0.110	0.085	0.105	0.134	0.097	0.126	0.057	0.076	0.087

4.1.2.5 公共绿地相似性

为了对 10 个绿地样地的相似性进行比较,建立各个树种在 10 个绿地的存在性 0~1 矩阵,并计算 Jaccard 指数。结果显示(表 4-4),各样地间相似性系数在 0.24~0.60,相似性系数最高的为郁洲公园和海州公园,相似性最低的为和安湖湿地公园和市政府西侧沿河绿地。郁洲公园与海州公园无论是在公园性质、建筑面积还是建成年代都极为类似,所以在绿地树木群落选种与建设时都有极高的相似性;而市政府西侧沿河绿地、市政府南侧的景观大道均为纯人工植物群落,所以可能与连云区、赣榆区依托自然植物群落而建立的绿地树木群落存在着较大的差异,且占地面积也较为有限,树木选种也受到一定限制,因而导致了它们之间相似性系数普遍较低。而从总体上来看,海州区各绿地与其他市辖区绿地的相似性系数比较并无明显规律,说明绿地植物群落多为人工植物群落,受人主观因素影响较大,树木群落城乡区域特性差异不明显。

表 4-4　连云港市主要公共绿地树木相似性

样地号	Q1	Q2	Q3	Q4	Q5	Q6	Q7	Q8	Q9
Q2	0.36								
Q3	0.46	0.6							
Q4	0.38	0.47	0.56						
Q5	0.28	0.38	0.42	0.38					
Q6	0.32	0.37	0.41	0.41	0.39				
Q7	0.32	0.42	0.42	0.45	0.31	0.34			
Q8	0.4	0.37	0.46	0.49	0.26	0.34	0.44		
Q9	0.32	0.38	0.46	0.45	0.35	0.3	0.39	0.41	
Q10	0.31	0.35	0.46	0.34	0.25	0.24	0.36	0.38	0.44

4.1.2.6　树木多样性

物种多样性是反映群落结构稳定性及复杂性的有效特征指标,同时能够很好地体现物种在生境中的丰富程度和每一物种的株数以及分布均匀程度;这一指标受生物体之间、生境及人为干扰等诸多因素所影响(谢春平,2017),表 4-5 所列为连云港各主要公共绿地树木多样性指数。从树种数和个体数量的平均值来看,各样地树木约 29 种,约 1148 个个体数,115 株·ha^{-1};从各样地情况来看,Q1(苍梧绿园)不论在物种数(55)还是个体数量(3407)均要远大于其他样地,这与其地理位置及功能地位有重要关系;而物种数最少的 2 个公共绿地为市政府两侧的景观休闲绿带(Q5 和 Q6),分别有物种数 19 和 20 及树木个体数 456 和 268,这主要是受绿地面积及城市道路格局的影响。结合 Margalef 丰富度指数发现,最高的为 Q1(6.64),最低的为 Q5(2.94),而 Q8 也具有较高的丰富度值(5.73);因此丰富度指数基本反映了各样地的真实情况。

Shannon-Wiener 指数的排列规律基本与 Margalef 丰富度一致,位列前三的依次为 Q1(3.28)、Q8(3.13)和 Q9(2.73);其他街旁绿地、专类公园的指数较低,均在 2.50 左右。Simpson 指数反映的是群落优势度,数值越大群落中的优势树种的个体数就越多。各绿地的 Simpson 指数排列规律也与上述 2 个指数的结果基本一致(表 4-5)。因此,苍梧绿园、北崮山公园类的综合公园中的树木丰富程度要高于郁洲公园、海州公园等专类公园及街旁绿地。Pielou 均匀度指数与群落的稳定性相关,从表 4-5 可知 Q9(0.87)、Q8(0.85)和 Q6(0.83)反映的结果最好;整体而言各绿地的 Pielou 均匀度指数均较高,且绿地之间差距不大,说明连云港市绿地树种的配置较为合理,物种分布均匀,群落稳定性好。诸如郁洲公园等专类公共绿地通常含有游乐园及动物园,偏重游玩性,植物景观建设较为落后;同时,街旁绿地受制于过小的面积,无法容纳过多树种,其物种丰富度自然受到限制。综合各项多样性指数分析,苍梧绿园(Q1)的物种多样性要优于其他绿地,海州区公共绿地树木多样性配置要优于其他地区。

表4-5　连云港主要公共绿地树木多样性

多样性指数	样地									
	Q1	Q2	Q3	Q4	Q5	Q6	Q7	Q8	Q9	Q10
树种数	55	28	28	25	19	20	23	39	23	26
个体数	3407	1085	1475	598	456	268	1379	758	633	1420
Margalef 指数	6.64	3.86	3.70	3.75	2.94	3.40	3.04	5.73	3.41	3.44
Shannon 指数	3.28	2.56	2.70	2.49	2.22	2.50	2.36	3.13	2.73	2.67
Simpson 指数	0.95	0.88	0.90	0.89	0.86	0.90	0.87	0.94	0.92	0.91
Pielou 均匀度指数	0.82	0.77	0.81	0.77	0.75	0.83	0.75	0.85	0.87	0.82

4.1.3　讨论

4.1.3.1　优化城市树木重要值的研究方法

当前,国内学者在研究城市树种重要值时,多数以相对多度、相对优势度和相对频度为综合考量(刘博等,2016;江国华等,2018),这其实是未考虑到自然环境与人工环境的区别。在自然群落研究中,由于需要考虑物种竞争及自然资源分配等因素,在计算物种重要值时会对物种的频度加以考量。但有学者认为,城市森林常被人为地以线性或聚集的方式安排,并不含有环境变量;而物种的出现与存在也不是自然更新形成的(McPherson & Rowntree,1986)。因此,城市森林物种重要值不是基于对空间资源的竞争或合作的体现,物种在不同地点出现不是重要的因素(Welch,1994);换言之,城市环境具有同质性,因此在重要值计算时不考虑频度因子。这一改进的重要值公式更符合城市人工环境的实际情况,获得了学者们的认可(Welch,1994;Jim & Zhang,2013),值得进一步推广使用。

4.1.3.2　合理维持区域公共绿地的树木多样性

城市化是世界各国发展的必然趋势,中国当前多数城市也在经历着人口剧增带来的城市森林、绿化用地面积不断减少,让位于工业、商业和人民居住用地的尴尬局面(李娟等,2015);由此导致的城市生态环境恶化加剧,并威胁到城市的生态安全和居民的福祉(侯冰飞等,2016)。因此,"因地制宜、适地适树"地推进城市生物多样性建设已成为城市生态环境建设共识,城市公共绿地已成为城市生物多样性保护的重点区域。Shannon-Wiener 指数在连云港公共绿地的平均值为2.66,与国内其他城市公共绿地的比较分析表明,连云港公共绿地的多样性要优于沈阳、郑州、保定等北方城市,而不及广州、武汉、玉溪等南方城市(李竹英等,2010;李娟等,2015;魏小芳等,2017);与国外城市相比,其树木多样性也要优于都柏林(2.32)(谢春平,2017)、班加罗尔(1.03)(Nagendra & Gopal,2011)、波士顿(1.65)(Welch,1994)等地区。从比较可知,城市树木虽然受人为主观意识的影响较大,但也要考虑其所在区域的气候环境和自然条件;因此,连云港地区树木多样性属于中等水平,基本符合其所在的地理区域位置。但从树木种类的构成来看,银杏、合欢、荷花玉兰、香樟等广泛且大量地出现在各个样地,在一定程度上减少了其他树种进入的机会。其次,诸如杨树、悬铃木等在该区域极易维护和生长,但存在飘絮等严重的公共健康的问题,因此是否继续大面推广此类树种,是后续城市树种多样性维护管理值得探讨的问题之一。在现有环境基础上,维护好当前公共绿地的树木多样性,不应为了提升城市绿地的树种多样性而盲目引种。

4.1.3.3　合理引种,适地适树

随着园林栽培技术的不断进步,城市树木引种的对象及范围越来越宽泛,但仍应遵守引种的规律与原则,保证引种的成功率。连云港地区自然植被的区系类型以温带分布为主(尚富德等,1996),这与本次调查公园树种属的分布区类型以温带占大比例的结果相吻合。调查中发现,市区多数公共绿地均有香樟栽植,但许多香樟因遭受冻害而严重受损,甚至有不少香樟被冻死,影响了绿化景观的效果。香樟属于亚热带常绿阔叶林树种,而连云港市冬季较为寒冷,极端低温可达-10 ℃以下,这对香樟是极大的挑战;并且每年市政绿化部门均需投入较大的养护成本与精力来维护。因此,连云港市公共绿地建设不应一味强求常绿树种的种植,而应"立足落叶阔叶树种、积极引种耐寒常绿阔叶树种、根据生境合理布局树种"(徐军等,2001)。同时,寻找合适的香樟替代种是园林部门后续工作需要关注的问题之一。

此外,连云港属滨海城市,全年多伴有较大的海风,选种时除了要考量树木景观效果与生态效益,还要注意树木的抗风能力,增加城市绿化优势树种中抗风树种的比例。

4.1.3.4　优化树种结构

公园绿化因考虑到种植成本以及养护的简约化,部分城市公园在植物选择上还存在严重的偏好性和单一性,造成植物分布均匀度不高,多样性也较低;虽然植物景观功能很好,但不利于植物群落的稳定与发展,也不能形成稳定的长效性植物景观(雷金睿等,2017)。城市环境树木数量的构成研究表明:在同一城市区域内,科、属、种各级单位构成的个体数,单个科不超过30%,单个属不超过20%,而单个种不超过10%(Sjöman et al.,2012);亦有学者认为单个树种不应超过5%(Moll,1989)。连云港主要公共绿地内落羽杉个体数占10.85%,而银杏、垂柳、荷花玉兰等均超过了5%的比例。早期连云港市绿化树种选择比较单一,大量选用了杨柳科植物,各个公园及街旁绿地中常有栽植。以苍梧绿园为例,园内水体周边栽植有垂柳240株,在公园四周接近道路侧种植杨树474株;每至春夏季,大量柳絮、杨絮飘散,造成"满城飘雪"的景象,严重影响市民的生活与出行。某一种个体数的增多,不仅降低了物种多样性的结构,同时也降低了景观多样性,因此合理降低单一优势种对提升生物多样性及景观多样性均有好处。结合本地乡土树种资源,红楠(*Machilus thunbergii*)、楸(*Catalpa bungei*)、野鸦椿(*Euscaphis japonica*)、黄檀(*Dalbergia hupeana*)、鹅耳枥(*Carpinus turczaninowii*)、山槐(*Albizia kalkora*)等树种均有较好的引种潜力(丁彦芬等,2013),从而构建连云港地区公共绿地生态环境与人居环境更佳的城市森林群落。

4.2   城市安置居住区树木组成与多样性分析

居住区是城市居民生产生活最基本的物质基础及活动频率最高的区域;良好的居住区绿化环境不仅是衡量居住区绿化水平的重要标志,也是城市可持续发展和生态城市建设的影响因子之一(李睿怡等,2014)。居住区绿化的数量和质量与城市居民生活质量有着密切的关系。学者研究表明良好的居住区绿地除了在环境保护发挥重要作用外(Wang et al.,2015),同时还可促进邻里和谐(Qureshi et al.,2013),提升城市居民的审美及价值观(Vogt et al.,2015),并提供身体和心理上的好处(Jiang et al.,2004)。良好的居住区绿化环境更有降低犯罪率、提升人的素质及提高房屋价值等方面的潜在意义(Hussain et al.,2014;Bogar & Beyer,2016;Sadler et al.,2017)。因此,构建科学合理的居住区绿化环境是提升城市居民幸福指数和促进社会和谐发展的重要途径之一。

中国居住区模式的转变与国家政治、经济、文化等各方面的变革有着密切的相关性,早期邻里单位和扩大街坊逐步演变为完整的小区开发模式;尤其是失地农民安置区的设立,改变了中国几千年农耕文化的独栋或独院的居住模式。随着我国城市化进程的快速发展及"城镇化战略"的进一步推进,我国城市化水平已从1978年的17.9%上升至2014年的54.77%(Li et al.,2016);这不仅使原有城市区域扩大,更产生了大量的失地农民;安置小区的构建是解决这些失地农民生活居住最主要的途径之一。然而在城市庞大的安置房建设中,普遍存在着投资不足、质量低劣、设计单调、环境脏乱、管理不善等问题(孔秋凉,2013),与其他商品住宅形成了明显反差,给人以"脏、乱、差"的景观印象(马婷婷等,2016)。由于安置小区的人员构成以失地农民为主,其由村民变市民、村庄变小区、散居变集居等的生活方式、思维习惯和思想观念受到了较大的冲击,短期内难以改变。绿色是农民的生命色,安置小区的园林绿地是重要的生态基础设施,更是居民交往的空间和纽带,是重塑归属感和认同感的载体,具有重要的研究价值(高凯等,2015)。本节通过对南京仙林大学城3个主要安置小区树木多样性的调查,为仙林地区安置小区绿化环境建设抛砖引玉。

4.2.1   材料与方法

4.2.1.1   研究地概况

仙林大学城是南京市重点发展的三个卫星城之一,地处南京东郊,属宁镇山脉区域。周边分布有栖霞山、宝华山、灵山等丘陵山地。区域因大学城建设已对原有地质地貌进行了较大改变;主要土壤类型为红壤土,但土壤腐殖层薄甚至无;现有绿地土壤多为人工覆土或追肥形成。气候区划属北亚热带湿润季风气候,四季分明;年降水量约为1 100 mm;平均温度15.4 ℃,极端高温39.7 ℃,极端低温-13.1 ℃。该区原有的地带性植被类型以落叶阔叶林为主。由于各类居民小区、高校、商业区等入驻,配套的公共绿地也在大学城各道路节点、高校、小区及商业区周边建成,成为居民休闲娱乐的重要场所。调查区域在南京仙林大学城安置小区较为集中的三大片区的12个独立的小区内,分别是仙鹤门(仙居花园、仙居雅苑、仙居华庭、仙鹤鸣苑)、仙林新村(仙林新村南区、仙林新村北区)和摄山星城片区(天佑苑、步青苑、齐东苑、闻兰苑、观梅苑、尤山苑)。

4.2.1.2　研究方法

根据每个小区绿化及楼栋分布的具体情况,在各小区内随机设置 10 个 200 m² 的样方。对每个样方内的乔木进行每木检尺(乔木定义为高度≥3 m,或胸径≥5 cm),记录种名、胸径、高度、盖度、生长状况等;在样方内根据灌木的分布情况,随机设置 4 个 25 m² 的小样方,记录灌木的种类、高度和盖度。同时,在小区内进行走访调查,对小区的面积、建成年代、户数、人口构成、物业管理、绿化率、绿化面貌等基本信息情况进行记录。

利用多样性指数、相似性指数、重要值、频度、多度等生态学参数对收集的数据进行统计分析,具体公式及计算方法参见本书第 1 章至第 3 章。

4.2.2　结果与分析

4.2.2.1　树种组成分析

对仙林地区 12 个安置小区调查发现,乔木层有 23 科 34 属 44 种植物(表4-6),其中裸子植物 3 科 3 属 3 种,分别是银杏(*Ginkgo biloba*)、雪松(*Cedrus deodara*)和圆柏(*Juniperus chinensis*)。被子植物有 20 科 31 属 41 种,在种类组成上以蔷薇科(Rosaceae)(6 属 9 种)、木兰科(Magnoliaceae)(3 属 6 种)和木犀科(Oleaceae)(4 属 5 种)占有一定的优势;如蔷薇科的樱花(*Cerasus* spp.)、枇杷(*Eriobotrya japonica*)、桃(*Amygdalus persica*)、石楠(*Photinia serratifolia*),木兰科的荷花玉兰(*Magnolia grandiflora*)、鹅掌楸(*Liriodendron chinense*),木犀科的木犀(*Osmanthus fragrans*)和女贞(*Ligustrum lucidum*)等均在各小区内占有一定的数量。除上述种类外,乔木层仅有 1 个种的科,如杜英科(Elaeocarpaceae)的杜英(*Elaeocarpus decipiens*)、石榴科(Punicaceae)的石榴(*Punica granatum*)和樟科(Lauraceae)的香樟(*Cinnamomum camphora*)在小区绿化中亦占有较大的比重,尤其是香樟。从上述列举的乔木种类可以看出,这些种类亦是本区域较为常见的绿化树种。

表 4-6　仙林地区安置小区乔灌层物种组成

层次	属种数构成
乔木层	木兰属 *Magnolia*(4),樱属 *Cerasus*(3),梨属 *Pyrus*(2),李属 *Prunus*(2),槐属 *Sophora*(2),柿属 *Diospyros*(2),含笑属 *Michelia*(1),鹅掌楸属 *Liriodendron*(1),女贞属 *Ligustrum*(1),木犀属 *Osmanthus*(1),石楠属 *Photinia*(1),苹果属 *Malus*(1),桃属 *Amygdalus*(1),杏属 *Armeniaca*(1),枇杷属 *Eriobotrya*(1),雪松属 *Cedrus*(1),樟属 *Cinnamomum*(1),棕榈属 *Trachycarpus*(1),合欢属 *Albizia*(1),杜英属 *Elaeocarpus*(1),槭属 *Acer*(1),榆属 *Ulmus*(1),梧桐属 *Firmiana*(1),悬铃木属 *Platanus*(1),银杏属 *Ginkgo*(1),榉属 *Zelkova*(1),朴属 *Celtis*(1),花椒属 *Zanthoxylum*(1),石榴属 *Punica*(1),黄连木属 *Pistacia*(1),紫薇属 *Lagerstroemia*(1),枫香树属 *Liquidambar*(1),榕属 *Ficus*(1),圆柏属 *Sabina*(1),楝属 *Melia*(1)

续表 4-6

层次	属种数构成
灌木层	卫矛属 *Euonymus*(3),冬青属 *Ilex*(2),黄杨属 *Buxus*(2),女贞属 *Ligustrum*(2),刺柏属 *Juniperus*(1),圆柏属 *Sabina*(1),海桐花属 *Pittosporum*(1),绣球属 *Hydrangea*(1),夹竹桃属 *Nerium*(1),檵木属 *Loropetalum*(1),青冈属 *Cyclobalanopsis*(1),蜡梅属 *Chimonanthus*(1),木犀属 *Osmanthus*(1),栀子属 *Gardenia*(1),苹果属 *Malus*(1),蔷薇属 *Rosa*(1),樱属 *Cerasus*(1),石楠属 *Photinia*(1),棣棠花属 *Kerria*(1),南天竹属 *Nandina*(1),杜鹃属 *Rhododendron*(1),香椿属 *Toona*(1),素馨属 *Jasminum*(1),结香属 *Edgeworthia*(1),芍药属 *Paeonia*(1),枣属 *Ziziphus*(1),八角金盘属 *Fatsia*(1)

　　灌木有 21 科 27 属 32 种植物出现(表 4-6),其中裸子植物仅有柏科的圆柏和铺地柏(*Juniperus procumbens*)两种。余下 30 种灌木中,以蔷薇科的种类占多数,如月季(*Rosa* sp.)、棣棠花(*Kerria japonica*)等;同时,金边冬青卫矛(*Euonymus japonicus* var. *aureomarginatus*)、海桐(*Pittosporum tobira*)、红花檵木(*Loropetalum chinense* var. *rubrum*)、石楠、八角金盘(*Fatsia japonica*)等均有一定的数量出现。

　　因此,除蔷薇科的种类数量较多外,其余科所含种数不多,物种组成结构较为分散;此外,乔木层种类较灌木层丰富。

4.2.2.2 树种频度与多度分析

　　图 4-4 所示为仙林安置小区乔灌层不同物种的出现频度。在乔木层中,香樟和桂花的出现频度最高,达 100%,即在所有小区中均有栽植;紧随其后的是枇杷(91.7%)、紫叶李(*Prunus cerasifera* f. *atropurpurea*)(66.7%)、桃树(66.7%)、女贞(66.7%)、石榴(66.7%)、银杏(*Ginkgo biloba*)(50%)和红枫(*Acer palmatum* f. *atropurpureum*)(50%)。频度在 25%~45%,共有 14 种,占总种数的 31.8%;如荷花玉兰、东京樱花(*Cerasus yedoensis*)、雪松、

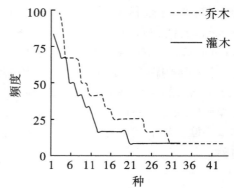

图 4-4　仙林地区安置小区乔灌木频度分布

榉树(*Zelkova serrata*)、合欢(*Albizia julibrissin*)、黄连木(*Pistacia chinensis*)等物种。余下物种的频度均小于 20%,共有 21 种,占总种数的 47.7%;如玉兰(*Magnolia denudata*)、无花果(*Ficus carica*)、朴树(*Celtis sinensis*)、枫香树(*Liquidambar formosana*)、槐(*Sophora japonica*)等,这些物种仅在 1 或 2 个小区内出现。灌木层出现频度最高的是栀子(*Gardenia jasminoides*)(83.3%),紧随其后的有红花檵木(75.0%)、海桐(66.7%)、石楠(66.7%)、冬青卫矛(*Euonymus japonicus*)(50.0%)和八角金盘(50.0%),它们至少都在 6 个以上的小区有出现。20%≤F_i<50% 的物种有南天竹(*Nandina domestica*)(41.7%)、女贞(41.7%)、夹竹桃(*Nerium indicum*)(33.3%)、金边冬青卫矛(33.3%)和月季(25.0%),它们出现在 3~5 个小区。余下 21 种灌木仅出现在 1 或 2 个小区内(F_i<20%),它们占总种数的 65.6%,星散分布于不同的小区内;这些物种有结香、蜡梅(*Chimonanthus* praecox)、枸骨(*Ilex cornuta*)、杜鹃(*Rhododendron simsii*)、牡丹(*Paeonia suffruticosa*)、绣球(*Hydrangea macrophylla*)等。

从物种多度累计分布图可以看出(图4-5)，香樟和桂花是乔木层中占有个体数最多的2个种，其相对多度分别为18.59%和10.91%；10% <RA(相对多度)≤5%的乔木有紫叶李(7.03%)、女贞(6.87%)、枇杷(6.76%)和荷花玉兰(5.29%)；上述这些物种的个体数之和超过了总数的50%。5%<RA(相对多度)≤2%的乔木有杜英(4.69%)、石榴(4.53%)、鹅掌楸(4.03%)、银杏(2.89%)、合欢(2.89%)、紫薇(2.62%)和黄连木(2.13%)。以上13种乔木的个体数之和已经接近整体的80%，因此上述物种的个体数量在本区域安置小区的乔木层中占有

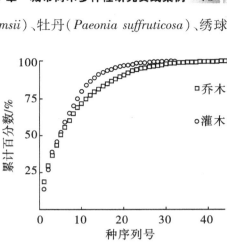

图4-5 仙林地区安置小区乔灌木物种多度累计分布

一定的优势。余下32种乔木的RA值在0.05% ~ 1.91%，物种个体数均较少。灌木层中，RA值大于10%的有金边冬青卫矛(13.85%)、海桐(13.21%)和冬青卫矛(11.68%)，这三种灌木的RA值之和已接近40%；10% <RA ≤5%的灌木有齿叶冬青(*Ilex crenata*)(6.87%)、圆柏(6.64%)、女贞(6.64%)、石楠(6.00%)、铺地柏(5.04%)和红花檵木(5.04%)。以上这9种灌木的个体百分数也接近整体的75%。余下灌木中，5% <RA≤1%的有7种，0% <RA<1%的有16种；各灌木的个体数占比均不大。此外，从图4-5的曲线看出，灌木曲线要陡于乔木，说明灌木层的物种个体数更趋于集中在少数几个种内。

4.2.2.3 重要值

表4-7所列为仙林大学城各安置片区内重要值位列前10位的物种。乔木层中，各片区排前10的树种重要值之和都达到70%，其中仙鹤门片区的物种重要值之和接近80%；因此，这些乔木树种基本可代表其所在片区的重要性。从表4-7可知，三大片区重要值位列前10的树种构成较为相似，例如桂花、香樟、枇杷、紫叶李等均有出现，且占有一定的重要值比例；而桂花和香樟重要值的次序均明显靠前，可见香樟和桂花在仙林安置小区的乔木树种中占有较为重要的地位。此外，除上述物种外，仙鹤门片区的杜英(6.56%)和棕榈(*Trachycarpus fortunei*)(4.39%)，仙林新村的二球悬铃木(*Platanus acerifolia*)(19.2%)和柿(*Diospyros kaki*)(5.43%)及摄山星城的鹅掌楸(7.01%)和荷花玉兰(6.42%)等物种，在各片区内均具有一定的代表性。

表4-7 仙林地区安置小区物种重要值

层次	物种	仙鹤门	仙林新村	摄山星城
乔木层	白玉兰 *Michelia alba*		4.60	
	杜英 *Elaeocarpus decipiens*	6.56		4.05
	鹅掌楸 *Liriodendron chinense*			7.01
	二球悬铃 *Platanus acerifolia*		19.20	
	广玉兰 *Magnolia grandiflora*			6.42
	合欢 *Albizia julibrissin*			5.45
	红枫 *Acer palmatum*	2.38		
	桂花 *Osmanthus fragrans*	10.76	5.32	9.69
	女贞 *Ligustrum lucidum*	10.29		5.26
	枇杷 *Eriobotrya japonica*	7.57	5.19	5.99
	石榴 *Punica granatum*	3.67		5.86
	柿 *Diospyros kaki*		5.43	
	桃 *Amygdalus persica*	3.22		
	梧桐 *Firmiana platanifolia*		4.25	
	香樟 *Cinnamomum camphora*	19.44	17.78	15.78
	雪松 *Cedrus deodara*		3.26	
	银杏 *Ginkgo biloba*			4.40
	紫叶李 *Prunus cerasifera*	10.77	6.15	
	棕榈 *Trachycarpus fortunei*	4.39	3.85	
灌木层	八角金盘 *Fatsia japonica*			12.47
	齿叶冬青 *Ilex crenata*	5.87		6.35
	杜鹃 *Rhododendron simsii.*		7.37	
	海桐 *Pittosporum tobira*	6.71	14.02	12.86
	红花檵木 *Loropetalum chinense* var. *rubrum*	9.73		8.66
	夹竹桃 *Nerium oleander*		4.50	3.48
	结香 *Edgeworthia chrysantha*	3.25		
	金边冬青卫矛 *Euonymus japonicus* var. *aureomarginata*	10.83		9.39
	桂花 *Osmanthus fragrans*		3.90	
	女贞 *Ligustrum lucidum*			9.73
	铺地柏 *Juniperus procumbens*	4.27	12.50	
	石楠 *Photinia serrulata*		5.57	14.70

续表 4-7

层次	物种	仙鹤门	仙林新村	摄山星城
灌木层	冬青卫矛 *Euonymus japonicus*	14.70	7.60	5.82
	小蜡 *Ligustrum sinense*		5.34	
	小叶青冈 *Cyclobalanopsis myrsinaefolia*		5.34	
	圆柏 *Sabina chinensis*	6.62	12.50	
	月季花 *Rosa chinensis*	4.06		
	栀子花 *Gardenia jasminoides*	7.71		10.04

在灌木层中,位列前 10 物种的重要值之和在仙鹤门、仙林新村及摄山星城 3 个片区分别达到了 73.75%、78.64% 和 93.50%,说明这些物种能够反映灌木层的基本情况。在各安置片区中,仙鹤门片区中以冬青卫矛(14.70%)、金边冬青卫矛(10.83%)和红花檵木(9.73%)占优;仙林新村片区以海桐(14.02%)、铺地柏(12.50%)和圆柏(12.50%)占有一定的比例;而摄山星城以石楠(14.70%)、海桐(12.86%)和八角金盘(12.47%)为优势种。上述这些灌木在相对多度及相对优势度均占优,故其重要值要明显大于其他物种。因此,整体来看灌木层优势树种亦集中分布在少数几个优势树种内;这与小区绿化景观营造时,灌木的栽植方式有较大的相关性。

4.2.2.4　小区相似性

从各小区乔木层的相似性值可知(表 4-8),相似性最大的是仙居雅苑和仙居花苑(0.75),而步青苑与仙林新村南区的差异最大(0.21),整体上平均相似性为 0.41。各小区乔木层物种相似性系数 $C_j \geq 0.50$ 的对数有 18 对,$0.50 < C_j \leq 0.40$ 的有 15 对,$0.30 \leq C_j < 0.40$ 的有 22 对,$0.20 \leq C_j < 0.30$ 的有 18 对;由此不难看出,多数小区乔木层物种组成存在一定的差异。灌木层整体相似性的平均值为 0.29,较乔木层更低;其中,闻兰苑和观梅苑的相似性系数最大为 0.91,而仙林新村南与仙林新村北的差异性最大,C_j 仅为 0.06。灌木层中,$C_j \geq 0.50$ 的对数有 11 对,$0.50 < C_j \leq 0.40$ 的有 4 对,$0.30 \leq C_j < 0.40$ 的有 11 对,$0.20 \leq C_j < 0.30$ 的有 21 对,$C_j < 0.20$ 的有 19 对;从这一数值分布来看,各小区灌木层的物种组成存在较大差异。一般情况而言,同一安置片区的小区之间由于地理位置、小区面积、建成年代等情况都较为接近,故其在小区绿化树种的选择上也具有较高的相似性;但仙林新村南区侧重于居住,北区侧重于商业利用,由此导致其灌木层物种相似性差异较大。

表4-8　仙林地区安置小区相似性

小区	1	2	3	4	5	6	7	8	9	10	11	12
1		0.31	0.67	0.63	0.35	0.37	0.45	0.38	0.56	0.44	0.44	0.50
2	0.25		0.38	0.25	0.43	0.38	0.44	0.29	0.31	0.33	0.25	0.47
3	0.33	0.23		0.75	0.33	0.42	0.70	0.33	0.50	0.56	0.56	0.45
4	0.18	0.21	0.29		0.29	0.32	0.50	0.43	0.44	0.50	0.50	0.40
5	0.13	0.16	0.17	0.25		0.52	0.32	0.25	0.28	0.22	0.22	0.33
6	0.15	0.06	0.10	0.09	0.06		0.40	0.21	0.37	0.32	0.32	0.42
7	0.18	0.31	0.50	0.11	0.07	0.20		0.30	0.45	0.36	0.36	0.31
8	0.18	0.21	0.29	0.25	0.25	0.25			0.38	0.43	0.25	0.50
9	0.25	0.27	0.57	0.33	0.31	0.17	0.50	0.50		0.63	0.30	0.67
10	0.22	0.25	0.40	0.33	0.08	0.11	0.33	0.33	0.43		0.50	0.56
11	0.25			0.33	0.08	0.11	0.33	0.33	0.43	0.91		0.27
12	0.33	0.23	0.60	0.29	0.17	0.22	0.50	0.50	0.57	0.75	0.75	

注:(1)表左下部分和右上部分分别表示不同小区间灌木层和乔木层的物种相似性系数;

(2)小区编号1~12分别表示仙居华庭、仙鹤鸣苑、仙居花苑、仙居雅苑、仙林新村北区、仙林新村南区、天佑苑、步青苑、齐东院、闻兰苑、观梅苑和尤山苑。

4.2.2.5　小区树木多样性

仙林地区不同安置小区乔灌层物种多样性情况如图4-6所示。Margalef丰富度指数显示,乔木层物种丰富度以仙林新村南区最高(4.04),闻兰苑最低(1.56);整体来看安置小区乔木物种丰富度平均为2.48,仅个别达到3.0以上。灌木层物种Margalef丰富度整体偏低(1.21),反映出仙林大学城安置小区内灌木物种应用得较少;其中仙居花园物种丰富度值最低(0.71),小区内多个样地仅有1~2种灌木。Pielou均匀度指数显示,各小区乔木层与灌木层的整体平均值较为接近(0.87,0.84),但仙居华庭(0.92,0.61)和仙居花园(0.86,0.66)的乔木层均匀度要明显优于灌木层;以灌木层为例,仙鹤鸣苑、仙居雅苑、仙林新村北区及尤山苑树种均匀度指数较接近且均较高;尤山苑灌木层均匀度指数最高,达0.98,而仙居华庭均匀度指数最低,仅为0.61。多数安置小区乔木层的Shannon–Wiener指数要优于灌木层,它们的平均值分别为2.23和1.71;乔木层Shannon–Wiener指数的最大值和最小值分别出现在仙林新村南区(2.63)和步青苑(1.97),而灌木层则出现在齐东苑(2.23)和仙居花园(1.06)。Simpson多样性指数与其他几个指数所反映的情况基本一致,其中齐东苑的乔灌层均具有最大值(0.92,0.89);整个仙林地区安置小区Simpson指数的乔灌层平均值分别为0.86和0.77。综上所述,乔木层多样性指数以齐东苑和仙林新村南区最优,而灌木层以仙鹤鸣苑、齐东苑和尤山苑较佳。

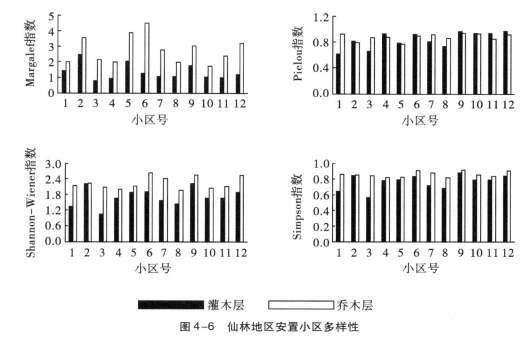

灌木层　　　乔木层

图4-6　仙林地区安置小区多样性

4.2.3　讨论

4.2.3.1　物种多样性低

（1）从物种的组成来看,整个仙林地区的乔木和灌木种类仅为44种和32种;其中,乔木层多度以香樟、桂花、紫叶李、女贞、枇杷及荷花玉兰等几个种占有多数,个体数已经超过了所有种的50%,即乔木层以这6种植物占有较大的优势;而灌木层以金边冬青卫矛、海桐、冬青卫矛、齿叶冬青、圆柏、女贞和红花檵木为主,其情况亦与乔木层近似;因此,在物种的个体组成上,少数几个种已挤占了多数种的分布空间。

（2）重要值结果亦显示了少数几个种占有较大的优势,优势种突出;并且优势种的分布格局在本区域的各安置小区有趋同的现象;结合频度分布图亦发现,重要值优势明显的种与出现频度有直接关联性;说明了这些种在多数小区内均有广泛栽植。

（3）居住区植物群落虽然为人工营造,但通过物种多样性指标依然可反映出城市绿地群落的丰富程度、结构、稳定性水平及其与周边环境的相互关系(张艳丽等,2013)。本区域Shannon-Wiener指数乔灌层整体平均值分别为2.23和1.71,与长春(2.72,2.22)(王庆芬,2014)、北京(3.0~3.5,3.5~4.0)(郎金顶等,2007)、昆明(2.19,2.90)(曾双贝等,2008)和福州(仅乔木层3.00)(范元等,2016)等城市普通小区的比较发现可知,整体上仙林地区安置小区的多样性较低;特别是低于长春、北京等北方城市,这与其所在地理区位自然环境条件是不相吻合的。此外,福州地区亦存在安置小区多样性低于普通小区的情况(范元等,2016),这是否与安置小区建设的前期投入、后期管理等有一定的相关性,值得后续的深入探讨。

物种多样性低给城市带来的灾难已给人类带来深刻的教训,荷兰榆树病即为典型的例子(Kendal et al. ,2014);因此,城市单一优势树种栽植虽然便于绿化管理与维护,但这种模式带来的严重危害已受到学者的批判(Sjöman,2012;Zainudin et al. ,2012)。城市的热岛效应、光污染、绿地量小、绿地群落破碎化、人为干扰严重等问题已使城市生物的物候和习性等与自然环境下的有一定的差异,同时也为病虫害的暴发提供了温床;因此,提升居住区物种多样性,不仅在改善城市生态环境方面具有重要意义,而且对丰富城市景观,促进区域社会、经济、文化、环境等方面的可持续发展具有重要意义(蒋雪丽等,2011)。

4.2.3.2 景观效果差

仙林地区安置小区的植物景观存在着植物配置呆板、色彩单调、层次缺乏、种类偏少等问题。为了达到乔-灌-草的整体绿化,存在随机配置、群落结构简单、稳定性差等问题,并未考虑到各物种的生物学及生态学特性。另外,一些植物过于接近居民楼,对居民的采光通风等有直接的影响;一些居民甚至将植物移除或破坏,由此导致景观的缺失。因此,小区的绿化建设应构筑在"以人为本,生态优先"的基础之上,在景观设计时要充分将生物多样性、栽植与管护的经济性、居民的景观视觉性、生活的便利性等方面进行综合分析。丰富乔灌层物种的配置与构建,使小区景观实现移步异景的感觉,通过小区绿化的视觉及触觉的变化给当地居民带来生活的幸福感。在小区绿地规划建设与改造时,应加大乡土植物的应用。南京地区植物资源丰富,可因地制宜尝试乡土树种的运用,如三角槭(*Acer buergerianum*)、麻栎(*Quercus acutissima*)、朴树(*Celtis sinensis*)、榆树(*Ulmus pumila*)、野鸦椿(*Euscaphis japonica*)、黄檀(*Dalbergia hupeana*)等。这些树种不仅有较强的环境适应性,而且可充分体现地方景观特色,有利于自然景观的形成;同时养护成本低、生态安全性好,可最大程度降低病虫害的暴发。

4.2.3.3 树木管护缺失,居民生态意识缺乏

安置小区居民构成以失地农民为主体,其"小农思想"在小区中仍较为普遍,这对小区环境建设有直接的影响。在调查过程中,12个安置小区树木都存在人为损毁破坏、管理养护不当等问题。如仙林新村片区的情况最为严重;仙林新村片区虽乔木种类较多,但个体数量最少;存在居民私自砍树、改造绿地等情况。此外,居民修整乔木树干做支架,进行搭棚晾晒等行为较常见。同时,大面积的灌木或草坪绿地被清理,种植各类瓜果、蔬菜等最为常见。虽然安置小区居民早已不再是农民的身份,但其固有的生活习惯仍不可能在短期内改变(Li et al. ,2016;Zhao & Zou,2017)。因此,加强绿地养护管理,鼓励小区居民积极参与小区建设是后期管理者可参考的办法之一。

由于安置小区居民本来的身份属性,种地劳作的生活习惯仍根深蒂固,应加强小区居民群体的教育,对小区绿化的破坏行为进行相应的制约。同时,应加强安置小区管理人员的培训、提高管理养护水平和规范安置小区物业管理。在强化绿地管理的同时,可充分发挥居民的积极性与创造性,了解居民的喜好,广泛征求小区居民的意见,让小区居民参与到小区绿化的规划管理中。此外,结合小区的实际情况,利用小区合适区域的空地或阳台等,参考国外的社区农业模式亦是可借鉴之策(Algert et al. ,2014;Martin et al. ,2014)。

4.3　城市近郊构树种群动态分析

构树(*Broussonetia papyrifera*)隶属于桑科(Moraceae)构属(*Broussonetia*),其广泛分布于我国大多数地区,尤其是长江流域以南;由于它对环境的适应性极强,常能在人为干扰较重的城市近郊形成大面积的次生林群落。构树对环境的适应性强不仅表现在耐贫瘠、耐干旱、适应多种土壤类型等方面,尤其是在受到干扰后的分蘖能力、抽枝能力也具有较好的表现。同时,其对 SO_2、Cl_2 污染等也具有较佳的吸附能力。由于以构树为建群种的群落多数在城市扩张的过程中会被迅速移除,该类型植被多属短期性质;因此,构树林具有的生态价值及生态服务功能并未引起相关学者的关注。基于此,本节以南京仙林地区近自然形成的构树种群为研究对象,拟探讨以下 3 个科学问题:①分析南京仙林地区构树种群结构现状,从种群结构的视角探讨构树对城市边缘生境的响应机制;②通过种群时间序列的预测及其他数学模型,掌握该地区构树种群的发展动态;③结合相关文献资料,探讨构树的生物学特性与生态学过程。最后旨在为我国城市近郊次生林的管理及利用提供科学参考依据。

4.3.1　研究方法

取样与数据收集。研究地概况参见 4.2.1.1,南京仙林地区构树群落主要分布于各高校、居住区或公共绿地等开发建设后留下的荒地。它可利用其生物学特性在短期内形成纯林;因此其群落结构、物种组成等方面均较为简单(谢春平,2015)。在构树自然成林的地段选择具有代表性的 20 个 10 m×10 m 典型样方(总面积 2 000 m^2),这一面积足以反映构树种群在该区域的现状。对样方内出现的构树进行重点调查,其中胸径大于 2 cm的植株详细记录其树高、胸径、枝下高、冠幅、生长状况等;对于胸径小于 2 cm 的植株,仅作为幼树幼苗记录株数。记录样地土壤、凋落物、郁闭度、群落外貌等环境因子。

树木年龄的确定是划分龄级、了解种群结构的关键。目前多数学者采用空间推时间的方法来替代种群年龄结构特征(李艳丽等,2014;高浩杰等,2016),虽然这种方法在一定程度上解决了树木生长周期长、不易追踪调查的困难,但与种群的真实年龄结构存在一定的误差(张建亮等,2014)。因此,解决这一难题的根本方法就是利用解析木数据,建立树木径级与年龄关系的方程。根据参考文献(黎磊等,2010)所提供的数据,利用Logistic 方程建立构树树龄与径级的生长关系,其中 $a = 30.0781(p<0.0001)$,$b = -2.1495$ $(p<0.0001)$,$x_0 = 9.4828(p<0.0001)$,具体如方程式所列:

$$y = \frac{30.0781}{1 + \left(\dfrac{x}{9.4828}\right)^{-2.1495}}$$

结合种群年龄结构、高度结构、冠幅结构、生命表、存活曲线、时间序列预测等手段,对南京仙林地区的构树种群进行了详细的分析。具体公式及计算方法参见本书第 1 章至第 3 章。

4.3.2 结果与分析

4.3.2.1 年龄结构

图4-7所示为构树种群的年龄级结构。从图中可以清楚地反映出以下几个数量特征:①构树种群年龄级结构整体上呈现出近金字塔形的结构,其中Ⅰ级和Ⅱ级的幼树及幼苗占有大部分的比例,约有656株,占所有个体数总和的51.98%,该部分是种群后续更新的重要来源。②从Ⅲ~Ⅵ中龄级结构来看,其各级所占比重近似,个体数在135~162株,所占比例分别为12.84%、11.41%、11.96%和10.70%,整体上中龄级结构占了种群结构的46.91%。低龄级幼树幼苗株数和中龄级的比例近1∶1。③Ⅶ为老龄级,其种群数量骤减,所占比例仅为1.11%。

从图4-7中可知,构树种群的幼苗极其丰富,但是发展到幼树级却出现了骤减的情况,这种现象除了种群"自梳"的作用外,还与环境及构树本身的生理生态有关联。首先,从样地内构树结实的情况来看,构树的结实量较为丰富;但除了鸟类及啮齿类动物的食用外,仍有多数果实自然成熟后掉落至母树周围,进入土壤种子库等待适合条件萌发,因此具有大量可萌发的种子库资源。其次,有学者研究表明温度和光照是影响构树种子萌发过程的重要因素,因为温度是构树萌

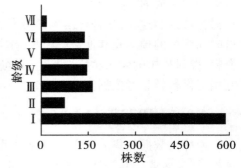

图4-7 城市近郊构树种群龄级结构

芽的决定性因子,光照决定了苗木的健壮程度(孙永玉等,2007)。当由幼苗转化为幼树的过程中,由于构树群落的郁闭度高,幼苗得不到充足的光照,这就导致了在Ⅱ级幼树骤减的重要原因之一。研究同时发现,培养箱遮光处理的构树种子发芽断续性很大,不能成长为有效苗木(孙永玉等,2007),因此光照在幼苗转幼树的过程具有决定性的作用。

4.3.2.2 高度结构

种群高度结构反映的是个体在群落垂直高度上的分布格局。以2 m为一个高度级,对构树种群的高度进行结构划分,结果如图4-8所示。整体结构与种群年龄结构近似,其中Ⅰ级占有较大比重的个体数,占所有个体数的约50%,这与多数阳性木本植物在灌木层的种群情况近似,即林下有较为丰富的幼树幼苗,种群密度高(张文辉等,2003);但随着高度增高,各个体生态位出现了重叠或是对环境资源有了竞争关系;伴随种群的自梳和他梳作用的增强,个体分化现象明显,种群密度降低;在高度级上的表现为少数个体进入更高的层次,即Ⅱ级所表现出的情况。除去下层树种,乔木中层(Ⅲ、Ⅳ、Ⅴ)集中了种群最重要的部分,占全体数的近40%,各次级种群数量开始趋于稳定,植株个体对群落内资源的分配和利用趋于分化和平衡。这一现象可能使植株之间的覆盖重叠错落有致,对光热资源的摄取均能得到平衡。进入乔木上层(Ⅵ、Ⅶ、Ⅸ)后,种群数量再次出现明显下降,这是因为经过层层竞争生长,伴随外部自然环境的干扰,能够进入乔木上层的物种已经较少。

一般而言,树木的增高生长与增粗生长具有正相关关系。利用高度与胸径之间的关系作散点图,建立回归方程,如图 4-9 所示。其中:①直线方程(A 曲线)表达式为 $y=y_0+ax$,$y_0=4.8469(p<0.0001)$,$a=0.3103(p<0.0001)$,$R^2=0.3471$;②幂函数方程(B 曲线)表达式为 $y=ax^b$,$a=3.2744(p<0.0001)$,$b=0.4019(p<0.0001)$,$R^2=0.4081$;③对数函数方程(C 曲线)表达式为 $y=a+b\ln x$,其 $a=0.5971(p<0.0001)$,$b=3.4129(p<0.0001)$,$R^2=0.6630$。3 种方程的拟合均得出了较好的结果,结合 R^2 值考虑发现对数函数要优于其余两种,即其树高与胸径的关系式可为 $y=0.5971+3.4129\ln x$。从方程的变化可以看出,构树种群的直径生长具有较大的潜力,该区域的构树种群还未达到成熟林的状态。

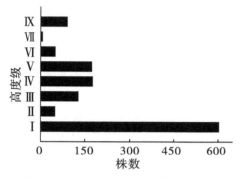

图 4-8　城市近郊构树种群高度级结构

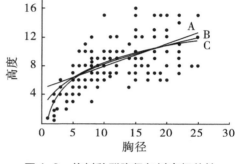

图 4-9　构树种群胸径与树高相关性

4.3.2.3　冠幅结构

树冠是树木进行光合作用的重要场所,它决定树木的生活力和生产力,同时在树木生长过程中也是反映树木长期竞争水平的重要指标(符利勇等,2013)。将冠幅以每 5 m² 为一个等级,Ⅰ 级为 0~5 m²,Ⅱ 级为 5.1~10 m²……,大于 25 m² 的划归Ⅵ级,如图 4-10 所示。从图 4-10 清楚地看出,构树种群在 Ⅰ 级冠幅占有较大的比例,达 73.19%,这一部分主要集中了低龄级的幼树幼苗;此外,除 Ⅱ 级冠幅占有 17.67% 外,其余级别的冠幅所占比例均不是很大,说明了构树种群的冠幅大小以 10 m² 大小占有多数,同时也说明了构树群落内空间结构的拥挤度较高。此次调查中,冠幅最大的为 49 m²,其冠幅臂长约为 7 m×7 m。

研究地构树的冠幅(z)是否与树高(y)及胸径(x)具有一定的相关性?利用三维图 4-11 的散点分布建立线性函数方程 $z=y_0+ay$(或 x),其中:冠幅与胸径的关系为 $y_0=4.6316(p=0.0085)$,$a=0.6492(p=0.0009)$,$R^2=0.0549$;冠幅与树高的关系为 $y_0=-0.7151(p=0.4904)$,$a=0.9513(p<0.0001)$,$R^2=0.4124$。通过相关性检验,冠幅与胸径、冠幅与树高均呈现出不显著相关,这与前人对杉木冠幅的研究结果近似(符利勇等,2013)。但是其方程均为增函数,说明冠幅树高及胸径具有一定的相关性,亦或是非简单线性方程。

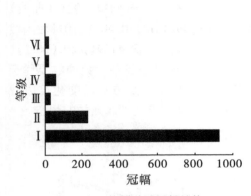

图4-10　构树种群冠幅结构

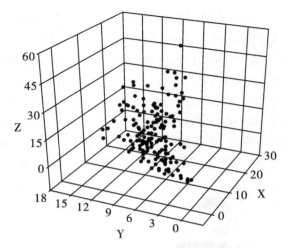

图4-11　构树种群冠幅与胸径、树高相关性

4.3.2.4　静态生命表

表4-9所示为研究地构树种群的静态生命表。从表4-9可知,Ⅰ龄级至Ⅱ龄级在数量上有骤减的现象,主要是种内"自梳"和环境选择作用的结果。从Ⅲ~Ⅵ级均表现出种群数量波动不大的结果,这说明了在中龄级结构中,种群已渡过了幼龄级最为艰难的时刻;种内和种间的竞争都已减弱,并且物种本身已能够在群落中占据一定的地位。此时的种群数量表现较为稳定,具有较好的抗外界干扰能力。从Ⅴ~Ⅶ龄级再次出现了种群数量下降的情况,即说明该种群已逐渐接近其生理寿命。在生命表中,标准化死亡数d_x、死亡率q_x、致死力K_x等均出现了负数的情况;对此Wretten等认为,生命表分析中产生的负值,这与数据假设技术不符,但仍提供有用的生态记录,即表明种群并非静止不动,而是在发展或衰落之中(洪伟等,2004)。从生命期望寿命e_x所反映的数据来看,同样表现为经过Ⅰ龄级后,中龄级物种的期望寿命值升高,然后逐渐降低至1以下;此时种群已进入成熟期,种群活力降低,高龄级种群数量随之减少。同时,对死亡率q_x和致死率K_x以绝对值分析发现,两者均在Ⅰ龄级向Ⅱ龄级及Ⅵ龄级向Ⅶ龄级的转化中存在较高的致死率和死亡率,种群在中龄级阶段的波动表现平稳。

表4-9　城市近郊构树种群静态生命表

龄级	a_x	l_x	$\ln l_x$	d_x	q_x	L_x	T_x	K_x	e_x
Ⅰ	585	1000	6.908	879	0.879	561	1657	2.109	1.657
Ⅱ	71	121	4.799	−156	−1.282	199	1097	−0.825	9.035
Ⅲ	162	277	5.624	31	0.111	262	897	0.118	3.241
Ⅳ	144	246	5.506	−12	−0.049	252	636	−0.047	2.583
Ⅴ	151	258	5.553	27	0.106	244	384	0.112	1.487
Ⅵ	135	231	5.441	207	0.896	127	139	2.266	0.604
Ⅶ	14	24	3.175			12	12		0.500

4.3.2.5　存活曲线

以种群对数化的存活个体为纵坐标($\ln l_x$),以龄级为横坐标,绘制存活曲线(图 4-12)。根据 Hett & Loucks(1976)的评判标准,采用两种数学模型对构树种群的存活曲线进行检验,即 $N_x = N_0 e^{-bx}$ 和 $N_x = N_0 x^{-b}$ 来判断种群属于 Deevey-Ⅱ 型或 Deevey-Ⅲ 型。拟合得出方程指数函数方程式为 $y = 6.8099 e^{-0.0654x}$($R^2 = 0.4542, F = 4.1606$),幂函数为 $y = 6.6524 x^{-0.1951}$($R^2 = 0.4359, F = 3.8633$);通过指数模型和幂函数模型 F 检验值和相关系数 R 的比较发现,构树种群的存活曲线与 Deevey-Ⅱ 型更为接近。但从图 4-12 可以看出,早期及后期的种群的死亡率要明显高于其他各个时期,中龄级种群数量趋于一个稳定的状态,因此其曲线应为 Deevey-Ⅱ 型与 Deevey-Ⅲ 型之间的一种过渡类型。形成这一

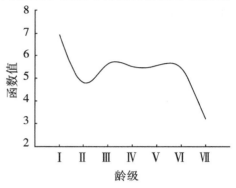

图 4-12　城市近郊构树种群存活曲线

格局的原因主要来自物种在由幼树过渡至成年个体的过程中的竞争淘汰;另一方面亦是在郁闭度较高的群落中,对光资源竞争的最终结果,这其中包括了种内和种间竞争的因素。

4.3.2.6　种群时间序列预测

根据一次平移对未来 Ⅱ、Ⅲ、Ⅳ、Ⅴ 龄级种群的状况进行预测,结果如表 4-10 所示。在 M_2 时,其幼树 Ⅱ 龄级的种群数量要优于目前,整体呈现出增长的趋势,这是由于目前种群在 Ⅰ 龄级时具有较为丰富的更新资源,为种群的延续提供了良好的基础。同时,从表 4-10 反映出在中龄级 Ⅴ 级和 Ⅵ 级的种群数量基本恒定,由此可知中龄级对整个种群结构的支撑起着较为关键的作用。当种群继续发展时,老龄级(Ⅶ)种群数量出现了逐步递增的趋势,这是中龄级种群逐渐转化的结果。因此,短期内构树种群仍维持现状。

表 4-10　城市近郊构树种群的时间序列预测

龄级	原始数据	M_2	M_3	M_4	M_5
Ⅰ	585				
Ⅱ	71	328			
Ⅲ	162	117	273		
Ⅳ	144	153	126	241	
Ⅴ	151	148	152	132	223
Ⅵ	135	143	143	148	133
Ⅶ	14	75	100	111	121

4.3.2.7 种群数量动态

种群数量动态的 V_n 值从 I 龄级至 VI 龄级的数值分别为：0.879、-0.562、0.111、-0.046、0.106 和 0.896。V_n 的值域范围是 $[-1,1]$，其正负数值的含义分别为增长、稳定和衰退，因此在 II 龄级和 IV 龄级具有衰退的迹象，其余均为增长的情况。在无外部干扰时植物种群年龄结构的数量变化动态指数（V_{pi-1}）值为 0.493，随机干扰时（V_{pi-2}）值为 0.003，这说明了无论是在理想的生长环境抑或是具有外界干扰的情况下，构树种群均呈现出增长的趋势，属于增长种群，这一结果与种群结构特征相互印证。

4.3.3 讨论

目前，种群生态学研究的焦点多关注于濒危的或者是经济价值较大的物种，类似于城市近郊近自然形成的次生林，还未引起研究学者的关注。但是，此类城市森林对当地的生态环境建设却具有重要的作用和意义。本节以城市近郊具有代表性的构树林为研究对象，对南京仙林地区的构树种群结构及动态进行了分析。

4.3.3.1 龄级结构合理，属增长种群

本节在构树解析木数据的基础上，利用 Logistic 方程对其直径与年龄之间的关系进行了拟合，以此代替径级推年龄的方法，较好地反映了构树种群的真实年龄。从整个研究区域的构树种群年龄结构来看，各龄级种群数量的依次排序为低龄级>中龄级>老龄级，属于一个增长的种群；但在不同的样地内，其结构表现上又有一定的差异，这主要是由于人为影响和群落郁闭度结构所导致。构树与本区域分布的马尾松（*Pinus massoniana*）、刺槐（*Robinia pseudoacacia*）、盐肤木（*Rhus chinensis*）等都属于早期进入群落的阳性先锋树种（姚榕和方彦，2012；谢春平等，2012），此时群落内的种间竞争要强于种内竞争。由于构树结实率、种子萌发率、萌蘖等方面均要强于上述物种，因此其逐渐成为群落内的优势种群，并演变至现状。当形成构树纯林或近纯林时，其种内竞争加大，在年龄级结构中由 I 级向 II 级过渡的过程，大量幼树幼苗的死亡。结合种群数量动态 V_n 值，无外部干扰时的动态值（V_{pi-1}）及随机干扰值（V_{pi-2}）均对构树种群当前为增长种群结论做了较好的支持。

4.3.3.2 树高及冠幅结构简单

从种群高度结构来看，高度低、龄级低的物种依然占有较大的比例，这与种群年龄结构所反映的情况相近似；同时也反映了植株的高度与胸径之间存在着对数函数的相关性（$y=0.5971+3.4129\ln x$），即树高随着胸径的增长而增长。在实际调查中发现，整个种群高生长的极限大致在 15 m 左右，而胸径达到 30~40 cm 的亦不多见，这是由其生物学特性所决定的。有学者研究表明，构树材质轻、软、密度低、强度低（王晖，2006），不耐腐不耐虫蛀等特性均限制了其高生长和直径生长。

冠幅结构研究表明，低分枝、重叠交错、结构拥挤是构树冠幅的一个重要特征。低龄级构树种群的冠幅结构大致在 0.25~1 m²，而中龄级构树种群的冠幅结构在 4~16 m² 占有较大的比例。此外，构树冠幅与胸径和树高之间不存在显著相关，可能为更复杂的非线性关系。

4.3.3.3　存活曲线为近 Deevey-Ⅱ型

该区域构树种群的静态生命表显示,构树种群具有前期死亡率高、中期稳定、后期骤减的特点。形成这一现象的原因主要与构树果实的传播及幼树幼苗的生长特性有关。当构树果实成熟时,多数果实在重力作用下直接掉落在母树的周围,并形成了集聚分布的情况;在合适的温度下,幼苗集中爆发生长。随着时间推移,构树幼苗对光、水、土壤养分等资源的竞争开始加剧,死亡率也随之剧增。实际调查数据亦表明,在同一时期,Ⅰ龄级的 585 个幼苗,只有 71 个进入了Ⅱ龄级。因此,早期构树的死亡率主要来自于种内竞争,这一结果与其他学者的类似研究相吻合(王贤荣等,2006;刘方炎等,2010;李帅锋等,2013)。从不同样地的郁闭度情况亦发现,郁闭度越高的群落,构树林下出现的幼树幼苗越少,呈一种负相关关系。这是因为光照对构树种子的萌发及幼苗的生长具有明显的影响作用(孙永玉等,2006),这可能是因为光照一方面提高了环境温度,另一方面光照以环境信息的形式调节了种群个体生长发育(蔡京勇等,2017),从而影响植物体内酶活性、新陈代谢等一系列生理活动的变化(肖炜等,2010)。

利用方程拟合的结果显示构树种群的存活曲线为 Deevey-Ⅱ型,接近于 Deevey-Ⅱ型中的 b1 变型;同时也可以理解为 Deevey-Ⅱ型与 Deevey-Ⅲ型之间的一种过渡类型,即表现为低龄级和老龄级死亡率高,中间平稳的状态。因此,中龄级种群对维持种群结构起着重要作用,而低龄级对种群的补充及更新起着较大的作用。

构树种群时间序列预测的结果与生命表、存活曲线、种群年龄结构等方面的结果相吻合,均表明现阶段种群属于稳定增长型,构树种群仍将能够维持现状。许多学者已经意识到城市半自然自发的斑块性次生林对当地生态环境的重要性(Doody et al.,2010;Robinson & Lundholm,2012;Sitzia et al.,2016),具多方面的生态服务功能。构树林同为半自然的斑块性次生林,已成为南京仙林地区的主要植被类型之一;同时亦为鸟类及其他野生动物提供了一个稳定的栖息地(周璟等,2015);因此,该区域构树林的管理以减少人为干扰、促进自然更新为主,同时辅以适当的林分梳理,以提高群落的稳定性。

4.4　城市近郊构树群落主要种群种间联结分析

不论是何种类型的群落,群落内各物种之间必然有一定的关联关系,抑或有相近的生物学与生态学特征,抑或是对某一环境资源的相似性利用等,而种间联结(interspecific association)即是这种关系的具体体现;因此,种间联结不仅是群落数量和结构指标的体现,反映了群落形成和演化的历史过程,同时也为群落分类提供了可靠的依据(谢春平等,2008)。种间联结是群落发展过程中数量关系的体现之一(陈玉凯等,2011),它不仅表明了物种在时空格局上的配置关系,同时亦反映了物种之间的相互依存、竞争或随机出现等情况,因此它是了解群落结构的稳定程度及群落演替不同阶段的重要基础。种间联结关系还是物种对环境的适应及环境对物种反作用力的体现,它能够清楚地体现物种在群落中的分布格局与地位,这在一定程度上对了解物种在群落中的优势地位、正确认识群落结构、功能和演替趋势具有重要意义(谭一波等,2012;张明霞等,2015)。研究某一物种与其他物种之间的亲和或排斥关系,对于正确认识该物种在群落中的地位,进而对物种进行相应的经营管理具有重要的指导意义(杜乐山等,2013)。

本节在野外调查的基础上,结合植物群落学研究方法,以城市近郊大学城内残存的自然植被为研究对象,对构树群落的种间联结进行分析研究,以期揭示该地区典型人为干扰林地内的种间关系、群落结构与动态,分析影响该群落发展的可能因素,为该植被类型的利用及升级改造提供科学参考依据。

4.4.1 研究方法

取样与数据收集。研究地概况参见4.2.1.1,以面积为 100 m²(10 m×10 m)的样方作为调查样方,共建立 20 个样方,再将每一调查样方划分为 4 个 5 m×5 m 小样方。群落采用"每木记账"的调查法,对群落内出现的所有乔木和灌木树种的学名、高度、冠幅、地径、胸径、生长状况等进行逐一记录;草本层仅记录出现的种名,并简要地被描述(谢春平,2015)。种间关系以群落重要值位列前 10 位的物种为研究对象,组成 10×20 的数据矩阵。

2×2 联列表。对物种出现在不同样方概率进行统计分析,其中种 A 和种 B 均出现的样方数记录为 a,仅有种 A 出现的样方数记录为 b,仅有种 B 出现的样方数记录为 c,A、B 物种均未出现的样方记录为 d。

总体相关性检验。利用方差比率法(VR),并采用统计量 W 检验 VR 值偏离 1 的显著程度来检验多物种种间是否存在显著关联性。先作零假设,即研究树种间无显著关联,选用下列公式计算检验统计量(Schluter,1984;方彦等,2008;张悦等,2015):

$$VR = \frac{S_T^2}{\delta_T^2}$$

其中:$\delta_T^2 = \sum_{i=1}^{s} p_i(1 - p_i)$, $S_T^2 = \frac{1}{N}\sum_{i=1}^{N}(T_j - t)^2$, $p_i = n_i/N$ 。

式中,S 为总的物种数;N 为总样方数;T_j 为样方 j 内出现的研究物种总数;n_i 为物种 i 出现的样方数;t 为样方中种的平均数。

在独立性假设条件下 VR 期望值为 1,而 VR>1 及 VR<1 则分别表示物种间表示正关联和负关联。由于种间的正负关联可以相互抵消,故采用统计量 W ($W = VR×N$) 来检验 VR 值偏离 1 的显著程度。若物种间关联性不显著,则 W 落入 x^2 分布界限($x_{0.95}^2 N<W<x_{0.05}^2 N$)内的概率为 90%(张明霞等,2015)。

x^2 检验。种间联结性分析采用基于 2×2 联列表的 x^2 检验,同时用 Yates 的连续纠正公式计算(张金屯,2004;张忠华和胡刚,2011),其表达式为:

$$x^2 = n[\,|ad-bc|-0.5n\,]^2/[\,(a+b)(a+c)(b+d)(c+d)\,]$$

式中,样方总数 $n = a+b+c+d$。

共同出现百分率 PC。$PC = a/(a+b+c)$,PC 的域值为 [0,1],其值域越趋近于 1,表明物种种间共同出现的概率越大,无关联时为 0(史作民等,2001;李娟等,2009)。

4.4.2　结果与分析

4.4.2.1　总体关联分析

表 4-11 所列的乔灌层的方差比率 VR 值分别为 2.809 和 1.126,说明了群落内的多数物种之间是存在正关联的。但用 W 值检验显示,其中乔木层的 W 值为 56.188,并未落入 x^2 分布界限内,故说明了乔木层物种之间的总体关联性是显著的;而灌木层的 W 值为 22.512,情况恰好相反。这说明了当构树群落形成后,乔木层树种在整体生态学特性上更为相似,而灌木层物种的分化更强烈。

表 4-11　乔灌层主要种群总体关联性检验

层次	δ_T^2	S_T^2	方差比率	校验统计量 W	x^2 临界值 ($x^2_{0.95,N}$, $x^2_{0.05,N}$)	测度结果
乔木层	1.705	4.790	2.809	56.188	10.851,31.410	正联结
灌木层	3.145	3.540	1.126	22.512		正联结

正联结也可以是几个种因对环境的适应和反应的相似性而产生(王伯荪,1987)。乔木层的情况,说明了群落趋于以构树为主的单优种群的格局;如刺槐(*Robinia pseudoacacia*)、臭椿(*Ailanthus altissima*)、盐肤木(*Rhus chinensis*)等多数情况均以伴生种的情况出现,而这些落叶的乔木树种在一定程度上均为城市边缘次生林地出现最多的物种,且为阳性树种。灌木层的不显著正相关,说明了物种在该层次仍属于随机组合阶段,未形成稳定的相关性,这与林下层受人为干扰或多数群落属于边缘地带有较大的相关性。因此,乔、灌层物种总体关联性在整体上说明了目前群落各种群之间的关系。

4.4.2.2　x^2 检验

根据 x^2 结果查表,当 $p>0.05$ 时,即 $x^2<3.841$,种间联结不显著;当 $0.01<p\leq0.05$ 时,即 $3.841\leq x^2<6.635$,种间联结显著;当 $p\leq0.01$ 时,即 $x^2\geq6.635$,种间联结极显著(方彦等,2008)。x^2 值本身没有负值,判断种间正负联结的方法是当 $ad>bc$ 时为正联结,$ad<bc$ 为负联结(王乃江等,2010;邓莉萍等,2015)。根据 x^2 值建立种间联结星座图 4-13,清晰地反映出种间显著性的关系,不论是乔木层或灌木层,多数种间的关系是松散的,多数种对间不存在关联性。乔木层中的 2-3(朴树-刺槐),5-7(牡荆-短柄枹栎),5-9(牡荆-女贞)及 7-9(短柄枹栎-女贞)存在显著的相关性;其中朴树、刺槐、牡荆、短柄枹栎这一类物种均为落叶喜阳树种,它们均为当地群落早期入侵树种,具有较为接近的生态学特性;而女贞为常绿树种,它与另外两个种之间的关系为负相关,这也反映出女贞为城市近郊的绿化树种逃逸至次生林的情况。灌木层情况则更为简单,种间关联显著的仅有 5-7(牡荆-木莓)和 6-8(朴树-雀梅藤);朴树属于更新苗,说明其在幼树幼苗期具有一定的耐阴性,能够与其他物种共存于灌木层中,同时亦反映了朴树作为乡土树种对环境适应的一种表现。其他种对间的 x^2 值均小于 3.841,因此不存在联结性,说明了群落仍处于演替的早期。

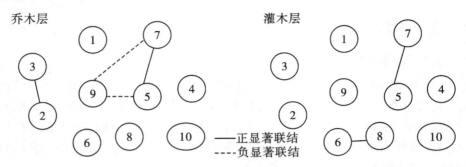

图 4-13　构树群落乔灌层种间联结星座图

注:乔木层 1—10 所示优势种分别为:构树 Broussonetia papyrifera、朴树 Celtis sinensis、刺槐 Robinia pseudoacacia、黄连木 Pistacia chinensis、牡荆 Vitex negundo var. cannabifolia、杉木 Cunninghamia lanceolata、短柄枹栎 Quercus serrata var. brevipetiolata、楝树 Melia azedarach、女贞 Ligustrum lucidum 和柘树 Maclura tricuspidata;灌木层 1—10 所示优势种分别为:野蔷薇 Rosa multiflora、构树、茅莓 Rubus parvifolius、柘树、牡荆、朴树、木莓 Rubus swinhoei、雀梅藤 Sageretia thea、圆叶鼠李 Rhamnus globosa 和紫藤 Wisteria sinensis。

4.4.2.3　共同出现百分率 PC

PC 值表明了两物种间的正联结程度的高低,两物种共同出现的可能性越大,则两物种的生态习性和对环境的需求越一致(王滑等,2015),同时亦弥补了 x^2 仅有显著性检验而忽略了联结强度及种间联结性差异性的缺点,表 4-12 为构树群落乔灌层种间共同出现百分率的半矩阵。将乔灌层的 PC 值划分为 PC≥0.5、0.2≤PC<0.5、0<PC<0.2 及 PC=0 四个等级,分别表示共同出现的概率高、中、低和零关联。

表 4-12 结果所示乔木层中,PC≥0.5 的种对有 4 对,占总数的 8.89%,如 2-3(刺槐-朴树)、5-7(牡荆-短柄枹栎)等,这与 x^2 检验结果是相一致的。0.2≤PC<0.5 的种对有 21 对,占总数的 46.67%,如 2-5(朴树-牡荆)、2-4(朴树-黄连木)、3-4(刺槐-黄连木)、4-6(黄连木-杉木)等,这些种一定程度上反映了物种对群落资源的利用的相似性。0<PC<0.2 的种对有 11 对,占总数的 24.44%,如 1-9(构树-女贞)、2-10(朴树-柘树)、4-5(黄连木-牡荆)等,类似于牡荆、柘树等多以灌木生活型出现,而朴树、构树等多是群落的乔木,因此其在乔木层共同出现百分率低的情况可以较好的解释。有 9 个种对的 PC 值为零,不存在相关性,如 8-9(苦楝-女贞)、7-8(短柄枹栎-苦楝)等。

表 4-12 结果所示在灌木层中,PC≥0.5 的种对有 5 对,占总数的 11.11%,如 1-2(野蔷薇-构树)、1-3(野蔷薇-茅莓)、6-8(朴树-雀梅藤)等。0.2≤PC<0.5 的种对有 25 对,占总数的 55.56%,如 2-3(构树-茅莓)、3-4(茅莓-柘树)、3-5(茅莓-牡荆)、4-6(柘树-朴树)等。0<PC<0.2 的种对有 12 对,占总数的 26.67%,如 5-6(牡荆-朴树)、2-7(构树-木霉)、3-10(茅莓-紫藤)等。另外,有 3 个种对的 PC 值为零,不存在相关性,如 6-9(朴树-圆叶鼠李)和 8-10(雀梅藤-紫藤);灌木层 PC 值为零种对要少于乔木层,说明灌木层物种间对环境的需求具有较高的趋同性。

从乔、灌层 PC≥0.5 的种对数量均可看出,高共同出现的种对并不多,PC<0.5 的种对占有整体数量的多数,一方面说明了物种关联性较弱,多数物种在群落内出现的随机性强,另一方面也反映了群落仍处于建群初期,这与实际调查情况相符合。

表 4-12　构树群落乔灌层种间共同出现百分率半矩阵

林层	种号	1	2	3	4	5	6	7	8	9
乔木层	2	0.350								
	3	0.200	0.571							
	4	0.200	0.375	0.333						
	5	0.200	0.375	0.143	0.143					
	6	0.150	0.250	0.167	0.400	0.167				
	7	0.100	0.286	0.200	0.200	0.500	0.250			
	8	0.100	0.000	0.000	0.000	0.000	0.250	0.000		
	9	0.100	0.286	0.200	0.200	0.500	0.250	1.000	0.000	
	10	0.100	0.125	0.200	0.000	0.200	0.000	0.333	0.000	0.333
灌木层	2	0.556								
	3	0.563	0.438							
	4	0.500	0.294	0.357						
	5	0.375	0.250	0.308	0.231					
	6	0.313	0.267	0.333	0.364	0.182				
	7	0.176	0.125	0.154	0.167	0.500	0.222			
	8	0.176	0.200	0.250	0.273	0.091	0.571	0.111		
	9	0.250	0.200	0.071	0.167	0.200	0.000	0.250	0.000	
	10	0.333	0.200	0.154	0.167	0.200	0.222	0.250	0.000	0.250

注:种号与图 4-13 所示相同。

4.4.3　讨论

本书对城市近郊出现频率最高的构树群落的种间联结关系进行了分析,结果发现:从总体关联上看,乔、灌层物种总体性上呈现出正相关的关系,但乔木层为显著正相关,而灌木层体现为不显著。有学者提出总体关联性是对群落稳定性的反映,随着植被群落演替的进展,群落结构及其种类组成将趋于完善和稳定,种间关系也将趋向于正相关,以求得物种间的稳定共存(贺立静等,2011);笔者认为这一观点是有条件限制的,其中外界环境干扰的强弱、群落形成时间等均具有重要的影响。以本群落为例,群落形成时间短、人为干扰强度强,导致其总体正联结并不一定意味着群落的稳定。虽然乔木层为正显著联结一定程度上说明了物种对环境的趋同性,但该类型群落以构树为主要建群种,若干样地内仅有构树一种乔木,其他乔木树种出现频率低的情况下,有可能在数量统计上夸大了这种整体上的正联结。构树群落林下层最典型的一个环境特征即光照明显不足、土壤湿度高、腐殖质厚等,因此灌木层的正联结,一方面解释了多数灌木物种具有耐阴性强的特征,另一方面也说明了环境有足够的资源让灌木层物种所利用;但是,这种不显著性也说明了灌木层物种的分化在加剧。

x^2 检验的结果显示乔木层仅有 4 个种对间是显著联结的,其中正负联结各 2 对;乔木层仅有 2 个种对具有正显著联结。结合共同出现百分率 PC 值分析发现,共同出现频率高的种对亦不是很高,乔、灌层分别仅有 8.89% 和 11.11%。由此可以看出,整个群落内物种的组合和出现更趋于一种随机性。此外,从构树与其他物种的种间联结值可以发现(图 4-13,表 4-12),它们之间联结不强,具有一定的独立性;因此群落仍处于形成的早期,只不过构树具有较其他物种强的生物学特性使其优先占有了群落的有利位置。

伴随着城市化快速发展,城市中的生态环境问题日益突出,给城市的和谐发展制造了不和谐的因素;人们越来越认识到,发展城市森林,充分利用森林的各种特殊功能,是改善城市生态状况、促进人与自然和谐的重要途径(陈家龙,2009)。生态学家已开始关注到生境破碎化及人为的强烈干扰对城市生物多样性的深刻影响(Chocholoušková & Pyšek,2003;Veken et al.,2004;Sukopp,2004;Mckinney,2006),随着城市生态理论的快速发展,多学科(生态学、环境学、地理学、植物学等)交叉研究已在该领域实施。然而,作为城市边缘区域,一方面残存了部分的原有植被,同时又有城市建设的深刻印章,因此其与传统中心城市生境破碎及人为干扰的形式有较大区别,具有一定的独特性与复杂性;本研究构树群落中的 VR 与 x^2 检验及 PC 值的差异即显示了这一复杂性。城市近郊区域环境生态效应(植被改变、土壤结构变化、热岛效应、地表水体景观变迁等)是如何变化的?城市建设对乡土与外来物种多样性的影响如何?先锋树种入侵城市建设遗留裸地的生态过程如何演变?这一系列的科学问题都有待我们进一步深入思考。

4.5 城市古树多样性与保护分析

古树在城市生态系统和生物多样性保护中发挥了重要作用,但它们在世界许多地方正在迅速减少(Lindenmayer et al.,2022),因此迫切需要有针对性地对古树进行深入研究,以更好地揭示当前古树所面临的主要威胁,并制定应对策略。在我国,各级行政部门对古树的保护都非常重视(周海华和王双龙,2007)。古树是指树龄在 100 年以上的树木;同时,根据古树树龄可分为三级:一级古树(500 年以上)、二级古树(300~499 年)和三级古树(100~299 年)(Lai et al.,2019)。古树被视为宝贵的生物资源和重要的历史遗迹。它们可以记录某一区域的变化,例如气候、水文、植被演替、自然条件等;同时,它们反映了人类活动和社会发展(Xie et al.,2012)。实际上,古树在自然界中与其他生物存在共生关系,维持生态平衡,这些都对生态系统的完整性至关重要(Mahmoud et al.,2015)。人类总是关注古树的有形价值,而无形价值也非常重要,包括审美、宗教和象征特征(Blicharska & Mikusinski,2014)。由于城市化进程对古树的影响越来越大,古树作为特殊的城市生物多样性,其保护已刻不容缓。

古树的种类、个体数量和分布通常受到多种因素的影响,包括自然栖息地、社会习俗、历史运动和经济进程(Huang et al.,2020)。作为华东地区人口最密集、工业化程度最高的地区之一,随着经济增长和城市化进程的加快,苏州市吴中区的城市建设和城市土地开发规模大幅增加,导致古树名木的生境被污染和占用。这些变化必然会对古树资源造成巨大的影响。本节主要研究目的是：①评价吴中区古树的物种组成；②评估不同城镇古树的空间格局和物种多样性；③评价研究区古树的表现和生长状况。研究结果可以为华东地区，特别是受城市化和工业化影响地区古树多样性保护提供参考。

4.5.1 材料与方法

4.5.1.1 研究地概况

苏州市吴中区位于江苏省南部、长江三角洲中部、太湖之滨，西衔太湖，与无锡市、浙江省湖州市遥遥相望。吴中区地处中亚热带北缘，属季风气候过渡类型。因受太湖水体的调节作用，具有四季分明、气候温和、雨量适宜、日照充足、无霜期长的特点。

4.5.1.2 研究方法

在研究区，我们根据当地林业部门提供的文件对每棵古树进行了野外调查。对古树的属性进行了实地记录和评估，包括种名（按《江苏植物志》）、位置（按 GPS）、环境条件、胸径、树冠、树高和生长状况等（分为四类：强壮、正常、弱和濒死）（Huang 等人，2015）。

在与当地人的访谈中，每个物种都被分配到四个用途类别：观赏、医药、木材和食用。

古树重要值：

$$IV = (RA+RD)/2$$

其中 RD 和 RA 分别表示相对优势和相对多度。

多样性指数计算采用 Shannon 指数：

$$H' = -\sum_i^N P_i \ln P_i \ (P_i = n_i/N)$$

4.5.2 结果与分析

4.5.2.1 物种组成与重要值

结果表明，野外调查共计发现有41种古树339株（表4-13），这些古树根据个体数分为4个等级：优势（>50株/种），普通（10~50株/种），稀有（2~9株/种）和单独（1株/种）。数量最多的是稀有的类群，其次是单独（10）、普通（6）和优势（1）。优势种为银杏，有93个个体，相对丰度（RA）最高，为27.43%；其次为常见种香樟、榉树和刺柏。上述6种古树各有12~45株，总的相对多度值约为45.7%。34种古树的个体少于10株，每个物种都表现出偏于稀有和单独的倾向。

6种最常见的古树约占相对优势度的80%，而其余35种古树约占相对优势度的20%（表4-13）。6种最常见的古树的重要性值（IV）彼此不同，总IV约为74.5%。具体而言，银杏和香樟分别占重要值的32.03%和17.85%，具有较大的优势。其余35种古树种仅占相对优势度的20.6%或重要值的25.5%。因此，综合考虑相对优势度、相对多度和重要值，可知：前6种古树构成了研究区的主体部分，这些古树代表了本区域古树的结构特征。

按生活型划分（表4-13），落叶阔叶树有22种，常绿阔叶树有15种，共计105株。虽然针叶树只有4种，但它们有129个个体，约占相对多度的38%。从用途上看（表4-13），41种古树中，观赏性古树的比例最大（28种，占68.3%），其次是木材（11种，

26.8%)和食用(10 种,24.4%),而指定用于药用的树木数量明显较少(2 种,4.9%)。

表 4-13　吴中区古树重要值、用途及生活型

种名	科名	生活型	个体数	相对优势度	相对多度	重要值	用途
Ginkgobiloba	Ginkgoaceae	Conifer	93	36.62	27.43	32.03	Ornamental, Medicine
Cinnamomumcamphora	Lauraceae	BLE	45	22.43	13.27	17.85	Wood, Ornamental
Zelkova serrata	Ulmaceae	BLD	36	8.28	10.62	9.45	Wood, Ornamental
Juniperuschinensis	Cupressaceae	Conifer	27	6.11	7.96	7.03	Ornamental
Celtissinensis	Cannabaceae	BLD	18	3.87	5.31	4.59	Ornamental
Ilexchinensis	Aquifoliaceae	BLE	17	2.14	5.01	3.58	Ornamental
*Buxusmicrophylla*subsp. *Sinica*	Buxaceae	BLE	12	1.41	3.54	2.48	Ornamental
Osmanthusfragrans	Oleaceae	BLE	9	1.93	2.65	2.29	Ornamental, food
Podocarpusmacrophyllus	Podocarpaceae	Conifer	7	2.28	2.06	2.17	Ornamental
Castaneamollissima	Fagaceae	BLD	4	2.03	1.18	1.61	Food
Myricarubra	Myricaceae	BLE	3	1.78	0.88	1.33	Food
Dalbergiahupeana	Fabaceae	BLD	6	0.72	1.77	1.25	Wood
Chimonanthuspraecox	Calycanthaceae	BLD	5	0.72	1.47	1.10	Ornamental
Acerpalmatum	Sapindaceae	BLD	5	0.57	1.47	1.02	Ornamental
Camellia japonica	Theaceae	BLE	4	0.81	1.18	1.00	Food
Lagerstroemiaindica	Lythraceae	BLD	4	0.68	1.18	0.93	Ornamental
Wisteriasinensis	Fabaceae	BLD	2	0.98	0.59	0.79	Ornamental
Ulmusparvifolia	Ulmaceae	BLD	3	0.68	0.88	0.78	Ornamental, wood
Quercusacutissima	Fagaceae	BLD	3	0.53	0.88	0.71	Wood
Liquidambarformosana	Altingiaceae	BLD	3	0.42	0.88	0.65	Wood, Ornamental
Phoebesheareri	Lauraceae	BLE	3	0.36	0.88	0.62	Wood
Cyclobalanopsisglauca	Fagaceae	BLE	2	0.63	0.59	0.61	Wood
Gleditsiasinensis	Fabaceae	BLD	2	0.27	0.59	0.43	Ornamental, Medicine

续表 4-13

种名	科名	生活型	个体数	相对优势度	相对多度	重要值	用途
Sophora japonica	Fabaceae	BLD	2	0.26	0.59	0.43	Ornamental, food
Micheliafigo	Magnoliaceae	BLE	2	0.26	0.59	0.42	ornamental
Magnoliadenudata	Magnoliaceae	BLE	2	0.24	0.59	0.42	ornamental
Punica granatum	Lythraceae	BLD	2	0.21	0.59	0.40	Ornamental, food
Acererianthum	Sapindaceae	BLD	2	0.19	0.59	0.39	ornamental
Chimonanthussalicifolius	Calycanthaceae	BLD	2	0.17	0.59	0.38	ornamental
Pinusbungeana	Pinaceae	Conifer	2	0.17	0.59	0.38	Ornamental, wood
Citrus reticulata	Rutaceae	BLE	1	0.42	0.29	0.36	food
Photiniaserratifolia	Rosaceae	BLE	2	0.12	0.59	0.35	ornamental
Chimonanthusnitens	Calycanthaceae	BLD	1	0.33	0.29	0.31	ornamental
Eriobotrya japonica	Rosaceae	BLE	1	0.30	0.29	0.30	food, ornamental
Magnoliagrandiflora	Magnoliaceae	BLE	1	0.30	0.29	0.30	ornamental
Quercusvariabilis	Fagaceae	BLD	1	0.19	0.29	0.24	Wood
Catalpaovata	Bignoniaceae	BLD	1	0.17	0.29	0.23	Wood
Sapiumsebiferum	Euphorbiaceae	BLD	1	0.15	0.29	0.22	Ornamental
Quercusfabri	Fagaceae	BLD	1	0.13	0.29	0.21	Wood
Illiciumverum	Schisandraceae	BLE	1	0.09	0.29	0.19	food
Lyciumchinense	Solanaceae	BLD	1	0.05	0.29	0.17	food
总计			339	100	100	100	

注：BLE 为常绿阔叶树，BLD 为阔叶阔叶树，Conifer 为针叶树。

吴中区 41 种古树分属 25 科 34 属（表 4-14）。最常见的科是壳斗科（5 种），其次是豆科、蜡梅科和木兰科（各 3 和 4 种）；其余的科只包含一或两个物种。银杏科的重要性值（Ⅳ）为 32.03%，但该科只有一个种，银杏；此外，银杏在吴中区古树群中占有重要地位。樟科和榆科的重要值均超过 10%，分别为 18.48% 和 10.23%。柏科、大麻科、冬青科、壳斗科、黄杨科、木犀科和罗汉松科的重要值分别是 2%～10%。除了蜡梅科（1：3）、无患子科（1：2）、木兰科（2：3）和蔷薇科（2：2）外，其余 14 个科的重要值<2%，且种属数量相等。因此，一个植物科很难产生许多长寿物种。

表4-14　吴中区古树科的重要值分布

科名	数量	相对优势度	相对多度	重要值	属数	种数
Ginkgoaceae	93	36.62	27.43	32.03	1	1
Lauraceae	48	22.79	14.16	18.48	2	2
Ulmaceae	39	8.96	11.50	10.23	2	2
Cupressaceae	27	6.11	7.96	7.03	1	1
Cannabaceae	18	3.87	5.31	4.59	1	1
Aquifoliaceae	17	2.14	5.01	3.58	1	1
Fagaceae	11	3.51	3.24	3.38	3	5
Fabaceae	12	2.24	3.54	2.89	4	4
Buxaceae	12	1.41	3.54	2.48	1	1
Oleaceae	9	1.93	2.65	2.29	1	1
Podocarpaceae	7	2.28	2.06	2.17	1	1
Calycanthaceae	8	1.23	2.36	1.80	1	3
Sapindaceae	7	0.76	2.06	1.41	1	2
Myricaceae	3	1.78	0.88	1.33	1	1
Lythraceae	6	0.89	1.77	1.33	2	2
Magnoliaceae	5	0.79	1.47	1.13	2	3
Theaceae	4	0.81	1.18	1.00	1	1
Altingiaceae	3	0.42	0.88	0.65	1	1
Rosaceae	3	0.41	0.88	0.65	2	2
Pinaceae	2	0.17	0.59	0.38	1	1
Rutaceae	1	0.42	0.29	0.36	1	1
Bignoniaceae	1	0.17	0.29	0.23	1	1
Euphorbiaceae	1	0.15	0.29	0.22	1	1
Schisandraceae	1	0.09	0.29	0.19	1	1
Solanaceae	1	0.05	0.29	0.17	1	1
总计	339	100.00	100.00	100.00	35	41

4.5.2.2　古树树龄分布

根据图4-14可知吴中区现有古树名木多为清朝中期所植,其中以100~199年和200~299年两个阶段树龄占比最多,占总数的62.43%,基本处于生长健壮期。同时,树龄在500年以上的占总数的24.86%,可见吴中区具有非常好的文化底蕴,而27株千年以上古树名木更是吴中区悠久历史的见证。

4.5.2.3　古树空间分布

吴中区东山、林场、金庭古树名木数量分别居前三位,区域分布比较明显(图 4-15)。其中东山古树占总数的 44.35%,林场古树占总数的 19.49%,金庭古树占总数的 14.69%。可见,由于东山、林场和金庭属于沿太湖典型江南丘陵山区,森林资源丰富、自然环境良好,文人墨客光顾较多,留下很多古树名木。因此,吴中区的古树名木大部分集中分布于此,此 3 处古树名木占总数的 78.53%。

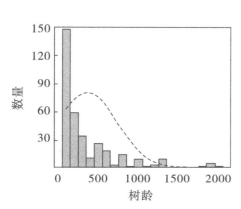

图 4-14　吴中区古树树龄分布

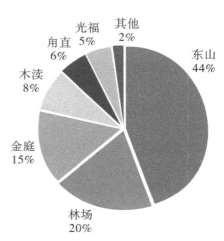

图 4-15　吴中区古树空间分布格局

4.5.3　保护与建议

大力宣传,提升保护意识。充分利用电视台、报纸、网络等新闻媒介,按树种分类筛选珍稀、历史文化价值高、树龄在千年以上的古树名木,录制专题片,广泛开展宣传教育活动,如雕花楼孩儿莲,吴巷村雌雄连体银杏,东山老街紫藤,司徒庙清、奇、古、怪四古柏等都有很高的历史文化价值。对已查明的古树名木进行登记、挂牌,并改正过去直接在树上钉钉子挂铝皮保护牌的破坏性做法,全部更换为拉簧式的玻璃钢材质、古典书简样式的铭牌。在森林公园、风景名胜区等旅游景点内,利用导游讲解古树名木的美丽传说、历史渊源和树种特性,让游客潜移默化提升保护意识。

落实责任,依法保护古树。早在 2002 年,苏州市就颁布了《苏州市古树名木保护管理条例》,吴中区严格按照各项法律法规,从制度上为古树名木的保护提供支持,落实古树名木管护责任。并制定了保护古树名木的专项制度,将古树名木管护责任按区域与数量划分到每个管护单位,单位将管护责任落实到每个护木人,做到一对一、有保障。吴中区还建立有森林警察大队,加大对古树名木巡查和执法力度,依法严厉打击破坏、采挖、移植、买卖古树名木的违法犯罪行为。

加大投入,提供资金保障。《苏州市古树名木保护管理条例》第十条明确规定"各级人民政府应当每年安排一定经费用于古树名木的保护管理",吴中区规定了每年从生态补偿和绿化养护中拿出一定资金专门用于古树名木的保护管理。特别是 2010 年 7 月苏州市启动生态补偿,开展了对公益林每年 100 元/亩的补偿工作,大大提高了生态补偿资金的标准,这进一步充实了保护古树名木的资金。吴中区金庭还对胸径 30 公分的银杏进行 200 元/年补偿,大大调动了群众对个人权属的古树名木保护积极性。

加强管理,科学保护古树。在日常管理上,在防虫期为古树名木喷洒、涂抹防虫药剂,在冬季来临时为其添加保温层,对已倾斜的古树提供固定支架,对有空洞的树体进行填充修补,并为大树设置避雷针等各项积极有效措施,保持古树名木茁壮成长。在日常监测和专业技术人员会诊的基础上,对调查发现的人为破坏严重、枝叶稀少、长势衰弱的古树名木,组织有资质专业单位采取修建围栏、堵洞、支撑、通气透水、病腐防治等措施科学复壮救护。2010 年,利用现代化管理手段,充分利用高新技术,吴中区成功实现对光福司徒庙清、奇、古、怪四古柏古树复壮。

4.6　基于灰色关联度的城市树木引种评估

全球气候变化导致物种适宜生境丧失(谭雪等,2018),使物种的灭绝风险增加,尤其是对于濒危物种的影响更大(朱莹莹和徐晓婷,2019)。历史的经验和现实状况均表明:珍稀濒危物种需要在人类的帮助下才能得到有效的保护,迁地保护与引种扩繁是其中最主要的措施之一(王凤英等,2014)。水杉(*Metasequoia glyptostroboides*)、鹅掌楸(*Liriodendron chinense*)、喜树(*Camptotheca acuminata*)和香樟(*Cinnamomum camphora*)等珍稀濒危植物已在城市园林绿化中得到广泛的推广应用,其种群数量得到了可观的增长。因此,在加强就地保护的基础上,选择适宜的地点开展行之有效的迁地保护与引种扩繁,这不仅可增加城市树木的多样性,而且对珍稀濒危植物种群的延续和物种保存也至关重要(刘梦婷等,2018)。

影响物种分布的因素主要有非生物因素、生物因素以及物种的迁移能力,各种因素在不同空间尺度下发挥作用不同(张琴等,2018)。在大尺度范围内,气候因素是决定植被类型及其物种分布的最主要因素(郑道君等,2012)。所以,科学合理地对引种目标地气候与原产地气候进行比较分析是成功引种的第一步。但是,引种目标地与原产地的"气候相似性"问题是综合复杂的,如两地的温热指标相同而其降水量差别较大,或两地的降水量基本一致但分布规律不同(牛侯艳等,2011),无法依据任何单一标准去评判。因此,环境条件的多变性和信息的模糊性,使得对目标引种地气候适宜性的评估缺乏综合直观的评判方法和数量标准。灰色系统理论已在工业、农业、环境和生态等众多科学领域成功地解决了许多实际问题,得到广泛的应用(雷兴刚等,2010;储盼盼等,2013;杨秀娟等,2019);因此将其应用在物种适宜引种地的评估可获得较佳的效果(赵琳等,2016)。

为践行习近平总书记"绿水青山就是金山银山"的重要理念,江苏省政府以发展材质优良、效益显著、前景广阔的珍贵乡土树种资源为重点,深挖造林潜力,大力推动全社会参与国土绿化,出台了《江苏省珍贵用材树种培育行动方案(2016—2020)》(以下简称《方案》);同时,《方案》也明确提出了 34 种珍贵造林树种在江苏地区的推广栽培。本节以国家二级重点保护植物浙江楠(*Phoebe chekiangensis*)为研究范例,将浙江楠目标引地(江苏 13 个地市)作为一个灰色系统,以其原产地(浙江杭州)作为参考理想地;并根据目标引种地与原产地的 19 个生物气候指标的灰色关联度,结合主成分分析,提出浙江楠在江苏各地引种的气候适宜综合评价模型,一方面可为浙江楠在江苏地区的引种栽培和开发利用提供科学依据,使浙江楠在江苏地区的推广栽培更贴合《方案》要求,符合"适地适树"原则;另一方面亦可丰富江苏城市树木多样性的素材。

4.6.1　材料与方法

4.6.1.1　数据获取

将浙江楠天然分布点及目标引种地(江苏 13 个地市)地理坐标输入 DIVA-GIS 7.5 软件中,并从软件中将 19 个生物气候数据提取出。这些生物气候数据源于 Worldclim (http://www.worldclim.org),其原理是通过世界各地气象站的气象观测记录,采用空间插值法生成的空分辨率为 2.5′(约 5 km²)的全球气候数据包(邱靖等,2018)。这些生物气候数据包括(刘然等,2018):年均温(Bio1)、昼夜温差均值(Bio2)、昼夜温差与年温差比值(Bio3)、温度变化方差(Bio4)、极端高温(Bio5)、极端低温(Bio6)、年温度变化较差(Bio7)、最湿季均温(Bio8)、最干季均温(Bio9)、最热季均温(Bio10)、最冷季均温(Bio11)、年均降水(Bio12)、最湿月降水(Bio13)、最干月降水(Bio14)、降水变化方差(Bio15)、最湿季降水(Bio16)、最干季降水(Bio17)、最热季均降水(Bio18)和最冷季均降水(Bio19)。所提取的生物气候数据如表 4-15 所示,其中杭州地区的数据参考浙江楠在临安、桐庐、富阳和建德 4 个分布点实际气候数据的平均值。

表 4-15　江苏各地市与浙江楠自然生长地主要生物气候值

生物气候	原产地及目标引种地													
	A	B	C	D	E	F	G	H	I	J	K	L	M	N
Bio1	15.40	15.55	15.56	15.46	15.20	15.51	15.47	15.38	15.00	14.49	14.58	14.68	14.70	13.40
Bio2	7.92	7.53	7.64	7.78	6.82	8.75	7.76	8.00	8.19	8.55	8.64	9.28	9.80	8.63
Bio3	24.72	24.62	24.65	24.32	22.20	26.12	23.30	23.95	24.75	25.75	25.80	26.75	27.30	25.02
Bio4	870.65	875.75	883.92	918.11	890.04	935.57	970.21	967.68	944.75	937.45	957.11	987.57	1010.97	988.31
Bio5	31.53	31.10	31.30	31.60	30.60	31.80	32.20	32.10	31.50	30.70	30.60	31.10	31.80	29.80
Bio6	-0.50	0.50	0.30	-0.40	-0.10	-1.70	-1.10	-1.30	-1.60	-2.50	-2.90	-3.60	-4.10	-4.70
Bio7	32.03	30.60	31.00	32.00	30.70	33.50	33.30	33.40	33.10	33.20	33.50	34.70	35.90	34.50
Bio8	22.44	26.13	26.25	26.55	25.88	26.78	27.15	27.05	26.37	25.82	26.15	26.57	26.85	24.68
Bio9	9.00	11.93	11.83	6.48	6.50	5.95	3.62	3.52	3.30	2.80	2.50	9.63	1.75	0.83
Bio10	25.89	26.13	26.25	26.55	25.88	26.78	27.15	27.05	26.37	25.82	26.15	26.57	26.85	25.28
Bio11	4.41	4.80	4.70	4.10	3.97	3.70	3.62	3.52	3.30	2.80	2.50	2.07	1.75	0.83
Bio12	1499	957	1004	1063	1068	1004	1029	1012	1001	976	903	751	759	851

续表 4-15

生物气候	原产地及目标引种地													
	A	B	C	D	E	F	G	H	I	J	K	L	M	N
Bio13	243	152	154	180	183	180	188	206	212	216	239	199	220	208
Bio14	46	32	33	36	34	32	31	30	36	30	23	21	14	16
Bio15	49.43	51.53	53.22	54.47	57.00	55.02	59.05	63.82	66.70	76.16	86.89	98.35	97.44	91.36
Bio16	596	412	439	464	474	443	474	481	493	516	503	467	452	493
Bio17	168	115	113	126	118	115	114	105	113	92	78	64	50	52
Bio18	540	412	439	464	474	443	474	481	493	516	503	467	452	476
Bio19	203	144	150	135	122	116	114	105	113	92	78	67	50	52

注：A～N 分别表示杭州、苏州、无锡、常州、南通、南京、镇江、扬州、泰州、盐城、淮安、宿迁、徐州和连云港。

4.6.1.2 灰色关联分析

灰色关联分析的基本思想是根据序列曲线几何形状的相似程度来判断因素间的联系是否紧密,曲线越接近,相应序列之间的关联程度就越大,反之就越小;灰色关联度越大,表明与样本点条件越相似(范立张等,2006)。

(1)数列的构建(余龙江等,2004)。以浙江楠在杭州的平均生物气候数据构建已知参考数列: $x_0 = \{x_0^{(1)}, x_0^{(2)}, \cdots, x_0^{(k)}\}$ 。浙江楠目标引种地生物气候指标的被比数列为: $x_i = \{x_i^{(1)}, x_i^{(2)}, \cdots, x_i^{(k)}\}$ 。上述数列中 $i, k = 1, 2, \cdots, n$ 。

(2)数据标准化(冯海萍等,2015)。由于各生物气候指标的计量单位不同,指标间数量差异较大,不同量纲之间无法比较;因此,在进行灰色关联分析时须对各定量评价值进行无量纲化处理(张建国等,2009),即:

$$Z_i^k = (X_i^k - X^{\bar{k}}) / S^k$$

式中, Z_i^k 、 X_i^k 、 $X^{\bar{k}}$ 和 S^k 分别代表参考数列和被比数列的原始数据变换后的标准数据、样本生物气候数据、样本平均值和标准方差;具体计算过程由 PAST 3.0 软件完成。

(3)参考数列(x_0)与被比数列(x_i)的关联系数(张璠等,2018):

$$r_{0i}(k) = \frac{\min_i \min_k \Delta_i(k) + \rho \max_i \max_k \Delta_i(k)}{\Delta_i(k) + \rho \max_i \max_k \Delta_i(k)}$$

式中, $\Delta_i(k) = |x'_0(k) - x'_i(k)|$, $\min_i \min_k \Delta_i(k)$, $\max_i \max_k \Delta_i(k)$,分别为 $\Delta_i(k)$ 的极小值和极大值; ρ 为分辨系数,是为了削弱最大绝对差因过大而失真的影响,以提高关联系数之间的差异显著性而人为给定的系数,其值范围为 0.1～1.0(吴志华等,2011),参考多数学者的做法取 0.5(余龙江等,2004;张建国等,2009;赵菊等,2016)。

(4)等权关联度(田兵等,2014)。为避免信息过于分散及便于比较,将目标引种地的生物气候指标与原产地相应指标的关联系数取算术平均值,定义为等权关联度 δ ,公式为:

$$\delta = \frac{1}{N}\sum_{k=1}^{N} r_{0i}(k)$$

4.6.1.3 综合评价模型

各生物气候对物种分布的影响贡献率不同,应对较为重要的生物气候因子进行加权。一般加权方法是通过专家打分,但这种办法最大的弊端是人的主观因素较强。因此,可采用主成分分析的方法,利用特征向量的载荷和各主成分的贡献率进行综合评价模型的构建(谢春平,2019)。

(1)主成分分析。本节以浙江楠在浙江省内的22个分布点的19个生物气候因子,构建19×22的矩阵进行主成分分析;获得影响浙江楠天然分布的主导生物气候因子。

(2)综合评价模型。利用主成分的特征向量(X),构建主成分与关联系数之间的线性方程Y。特征向量(X)的载荷越大,说明其重要性越高;本研究取累计贡献率达90%之前的n个主成分轴内的4个最大特征向量值构建方程。其次,结合主成分各轴的方差贡献率构建浙江楠在目标引种地的综合评价模型λ。

4.6.2 结果与分析

4.6.2.1 等权关联度

通过表4-15原始数据的无量纲化处理、标准数据的绝对差值计算、关联系数和等权关联度等步骤,最终获得浙江楠在江苏各目标引种城市的关联系数和等权关联度。由表4-16可知:目标引种地各城市与"理想产地"之间的等权关联系数平均值为0.696,其范围值0.523~0.834。综合参考不同学者的研究观点(孙浩元等,2006;吴志华等,2011;樊国宝等,2011),本研究根据等权关联度的结果,以平均值为界线,大致可将13个目标引种地城市划分为3类:Ⅰ类为高适宜区,包括常州(0.834)、无锡(0.797)和苏州(0.777),为典型的江苏南部地区;Ⅱ类为中度适宜区,包括泰州(0.763)、南通(0.759)、扬州(0.711)、镇江(0.702)和南京(0.697),可概括为江苏中部地区;Ⅲ类为低适宜区,包括盐城(0.691)、淮安(0.648)、宿迁(0.579)、连云港(0.563)和徐州(0.523),为江苏北部地区。Ⅰ类地区和Ⅱ类地区多为淮河以南的城市,其地理位置在中国亚热带北线以南,这一划分结果与杭州气候特征为亚热带的属性吻合。

表4-16 江苏目标城市生物气候指标关联系数和等权关联度

关联系数	目标城市												
	B	C	D	E	F	G	H	I	J	K	L	M	N
k_1	0.89	0.88	0.96	0.85	0.92	0.95	1.00	0.73	0.53	0.56	0.59	0.60	0.34
k_2	0.77	0.84	0.94	0.50	0.58	0.93	1.00	0.84	0.65	0.61	0.44	0.36	0.62
k_3	0.95	0.97	0.78	0.35	0.49	0.49	0.64	1.00	0.57	0.56	0.40	0.34	0.83
k_4	1.00	0.90	0.64	0.84	0.56	0.44	0.45	0.52	0.55	0.48	0.40	0.36	0.40
k_5	0.69	0.82	0.96	0.50	0.79	0.58	0.62	1.00	0.53	0.50	0.69	0.79	0.34

续表 4-16

关联系数	目标城市												
	B	C	D	E	F	G	H	I	J	K	L	M	N
k_6	0.71	0.76	1.00	0.88	0.67	0.81	0.76	0.69	0.54	0.49	0.42	0.39	0.35
k_7	0.58	0.66	1.00	0.60	0.58	0.61	0.59	0.65	0.63	0.58	0.43	0.34	0.45
k_8	0.76	0.75	0.71	0.79	0.69	0.65	0.66	0.73	0.80	0.76	0.71	0.68	1.00
k_9	0.67	0.68	0.71	0.72	0.66	0.50	0.49	0.48	0.46	0.45	1.00	0.42	0.38
k_{10}	0.74	0.65	0.50	1.00	0.42	0.34	0.36	0.58	0.91	0.72	0.49	0.40	0.52
k_{11}	0.95	1.00	0.99	0.93	0.83	0.81	0.78	0.72	0.61	0.56	0.50	0.47	0.39
k_{12}	0.88	0.93	0.99	1.00	0.93	0.95	0.93	0.92	0.81	0.83	0.72	0.72	0.79
k_{13}	0.36	0.37	0.46	0.47	0.46	0.49	0.60	0.65	0.68	1.00	0.55	0.72	0.62
k_{14}	0.86	0.89	1.00	0.93	0.86	0.83	0.81	1.00	0.81	0.66	0.63	0.53	0.56
k_{15}	1.00	0.94	0.90	0.83	0.88	0.78	0.68	0.64	0.52	0.43	0.36	0.37	0.40
k_{16}	0.62	0.69	0.77	0.80	0.70	0.80	0.83	0.88	1.00	0.93	0.78	0.73	0.88
k_{17}	0.90	0.89	1.00	0.93	0.90	0.89	0.83	0.89	0.75	0.68	0.62	0.57	0.58
k_{18}	0.46	0.53	0.63	0.68	0.55	0.68	0.72	0.79	0.87	0.64	0.58	0.69
k_{19}	0.96	1.00	0.90	0.82	0.79	0.78	0.74	0.78	0.69	0.64	0.61	0.56	0.57
δ	0.777	0.797	0.834	0.759	0.697	0.702	0.711	0.763	0.691	0.648	0.579	0.523	0.563
排序	3	2	1	5	8	7	6	4	9	10	11	13	12

注:目标城市代号 B~N 与表 4-15 相同。

4.6.2.2 主成分分析

由表 4-17 可知:前 4 个主成分的贡献率分别为 40.15%、27.07%、18.67 和 6.41%,前 4 个累计贡献率已超 90%;因此前 4 个主成分足以代表浙江楠原产地的主要生物气候信息。第 1 主成分的贡献率最大,其中 Bio1(年均温)和 Bio11(最冷季均温)的负载值均为 0.33,Bio3(昼夜温差与年温差比值)和 Bio15(降水变化方差)的负载值为 0.32,这 4 个值在第 1 主成分中占有最重要的位置;由此可知温度是影响第 1 主成分的主要因素。在第 2 主成分中,Bio19(最冷季均降水)、Bio17(最干季降水)、Bio14(最干月降水)和 Bio12(年均降水)的载荷分别为 0.38、0.37、0.33 和 0.32,可知水分在该轴中的影响较大。尤其是冬季和夏季降水的影响,说明浙江楠在原产地生长对水分有一定的要求。第 3 主成分中较为重要的生物气候指标是 Bio4(温度变化方差)、Bio5(极端高温)、Bio7(年温度变化较差)和 Bio10(最热季均温),可看出高温对浙江楠也有一定的影响。

表 4-17　浙江楠天然分布区生物气候指标主成分分析

生物气候	主成分(PCA)			
	PC 1(Y_1)	PC 2(Y_2)	PC 3(Y_3)	PC 4(Y_4)
Bio1	0.33	−0.13	0.15	0.09
Bio2	0.23	0.17	0.19	−0.38
Bio3	0.32	0.01	−0.13	−0.26
Bio4	−0.24	0.13	0.36	0.02
Bio5	0.21	−0.04	0.43	0.01
Bio6	0.31	−0.21	−0.06	0.16
Bio7	−0.15	0.18	0.41	−0.15
Bio8	−0.02	−0.27	0.06	0.58
Bio9	0.29	−0.13	0.07	0.24
Bio10	0.21	−0.08	0.39	0.14
Bio11	0.33	−0.16	−0.04	0.09
Bio12	0.16	0.32	−0.24	0.17
Bio13	0.23	0.31	−0.12	−0.05
Bio14	−0.06	0.33	0.17	0.38
Bio15	0.32	0.13	0.04	−0.06
Bio16	0.26	0.30	−0.04	0.02
Bio17	−0.11	0.37	0.10	0.28
Bio18	−0.02	0.22	−0.39	0.21
Bio19	0.14	0.38	0.10	0.10
特征根	7.63	5.14	3.55	1.22
方差贡献率%	40.15	27.07	18.67	6.41
累计贡献率%	40.15	67.22	85.89	92.29

4.6.2.3　综合评价模型构建

根据表 4-16 前 4 个主成分,取各主成分中的前 4 个特征向量值,构建主成分与等权关联系数之间的线性模型,即:$Y_1 = 0.33k_1 + 0.32k_3 + 0.33k_{11} + 0.32k_{15}$,$Y_2 = 0.32k_{12} + 0.33k_{14} + 0.37k_{17} + 0.38k_{19}$,$Y_3 = 0.36k_4 + 0.43k_5 + 0.41k_7 + 0.39k_{10}$,$Y_4 = 0.58k_8 + 0.24k_9 + 0.38k_{14} + 0.28k_{17}$。由于每 1 个主成分的贡献率不均等,因此各目标引种城市的气候适宜综合评价模型应考虑各主成分的贡献率,故综合评价模型方程为 $\lambda = 0.4015Y_1 + 0.2707Y_2 + 0.1867Y_3 + 0.0641Y_4$。利用该线性模型对拟引种的 13 个城市进行综合评价,其结果与排序见表 4-18。由表可知:Ⅰ 类高适宜区($\lambda \geqslant 1.100$)包括常州(1.182)、无锡(1.170)和苏州(1.156)这 3 个江苏南部城市;Ⅱ 类中适宜区($0.900 \leqslant \lambda < 1.100$)包括南通(1.055)、泰州

（1.050）、南京（1.009）、镇江（0.961）和扬州（0.957）；Ⅲ类低适宜区（$\lambda < 0.900$）则仍是江苏北部的城市，包括盐城（0.875）、淮安（0.790）、宿迁（0.721）、连云港（0.696）和徐州（0.669）。因此，综合评价排序的结果与等权关联度的结果在整体表现上基本一致。

表4-18　目标引种地综合评价模型

目标地	Y_1	Y_2	Y_3	Y_4	λ	排序
常州	0.472	0.366	0.269	0.074	1.182	1
无锡	0.492	0.350	0.257	0.071	1.170	2
苏州	0.492	0.340	0.252	0.071	1.156	3
南通	0.385	0.346	0.249	0.074	1.055	4
泰州	0.400	0.337	0.243	0.070	1.050	5
南京	0.407	0.328	0.206	0.068	1.009	6
镇江	0.394	0.326	0.178	0.064	0.961	7
扬州	0.403	0.311	0.180	0.062	0.957	8
盐城	0.290	0.295	0.224	0.065	0.875	9
淮安	0.274	0.264	0.193	0.059	0.790	10
宿迁	0.241	0.242	0.173	0.064	0.721	11
连云港	0.253	0.234	0.147	0.063	0.696	12
徐州	0.231	0.225	0.162	0.051	0.669	13

结合等权关联度和综合评价模型的结果均表明：江苏南部地区是浙江楠在江苏引种较为适宜的地区。

4.6.3　讨论

4.6.3.1　气候对浙江楠的苗期生长影响大

气候对物种的影响是一个综合与长期的过程，尤其是温度和水分的影响，它们既可以影响植物光合、呼吸和蒸腾等代谢过程，也可以影响有机物的合成和运输等过程，最终影响植物的生长与分布（谢春平，2014）。主成分分析的结果表明：影响浙江楠在原产地天然分布的最关键性因子是温度。同时，等权关联和综合评价模型的结果均支持在江苏南部地区引种浙江楠的适宜性高于江苏中部和北部地区。在气候大格局下，温度是限制浙江楠向北分布的重要因素。因此，需关注最冷月均温及极端低温等因素对目标引种地的影响。研究表明：浙江楠苗木在南京地区冬季多数会受到一定程度的轻微冻害（李冬林等，2005），这主要是因为浙江楠进入苗木硬化期时间较晚，导致部分来不及完全木质化的苗木遭受寒潮的袭击。为了避免苗木发生冻害，在初秋时节应避免肥料的施用，同时通过控制土壤水分促使浙江楠苗木木质化（李冬林等，2004）。因此，在气候指标的指导下，应加强浙江楠苗木在引种地的生理生态与适应性研究。

4.6.3.2　江苏南部浙江楠引种的较佳区域

从浙江楠原产地杭州的气候指标来看,年均温和年降水量分别约为 16 ℃ 和 1500 mm,具有热量充沛和雨水丰富的亚热带气候特征。与其临近的江苏南部城市苏州、无锡和常州虽然年降水量有所减少,但年均温等其他气候因子均较为接近,因此在等权关联和综合评价模型的结果均支持上述 3 个城市与"理想产地"具有较为相似的气候特征。百年浙江楠古树在苏州的发现也证实了江苏南部对浙江楠的引种具有较强的适宜性(李冬林等,2004)。往北的南京、镇江、扬州、泰州和南通等 5 个城市均在淮河以南地区,恰好是中国亚热带的北线,气候特征大体上表现为最冷月的月均温度在 0~2 ℃,带内大多数地区的年降水量为 750~1300 mm(江爱良,1960)。该区域已是亚热带的北缘,受温度影响浙江楠已有冻害的情况出现,故该区域为中等适宜引种区。再往江苏北部,盐城、淮安、徐州、连云港和宿迁等 5 个城市在气候带上已属中国暖温带的南部地区,其年均温和年降水量等水热条件均不如前 2 个区域,且极端低温和最冷月均温等也较为严酷,因此该区域可划分为浙江楠引种的低适宜区。

4.6.3.3　综合模型是树木引种适宜性评估的新思路

不同学者对物种的引种适生区评估提出了许多模型,如层次分析法(李周园等,2010)、隶属函数法(董雪等,2018)和长期引种试验(连勇机,2013)等。虽然也可以获得较好的研究结果,但均存在主观评判、数据量大、样本需服从某个典型的概率分布、时间长和工作量大等问题。本研究在灰色系统理论的基础上,通过对数据进行无量纲化处理,建立"理想产地",然后通过比较得到关联度值,并结合主成分分析构建了综合评价模型,最终获得目标引种地的适宜性结果。这种方法采用了客观的生物气候指标,避免了人为评判的主观性,其分析结果与实际现状相吻合,说明灰色系统理论与主成分分析方法相结合的评价模型适用于引种目的地适宜性评价。

4.7　基于层次分析法的城市树木选种评价

随着我国城市化进程的不断推进与高速发展,构建生态型森林城市已被许多大城市列为重要的发展目标。但是,在城市绿化树种的选择上存在一定的偏差;这主要是对乡土树种运用的比例偏低而倾向于外来树种。由此导致城市景观雷同,城市缺乏自身的绿化特色与乡土气息(杨永川和达良俊,2005)。城市化进程改变了城市原有的格局与面貌,城市生物多样性的结构也受到冲击和改变。外来种与乡土种在城市绿地中运用的争议从未停止过(Lososová et al.,2012);但乡土树种在长期的自然进化过程中已与当地的气候、土壤等形成了天然的平衡,具有极强的适应性,其优势不言而喻。许多城市规划、城市林业和城市生态领域的学者均主张尽可能多地使用乡土树种而避免使用外来种(Kendle & Rose,2000)。在英国、美国、瑞典等发达国家均有专门的城市乡土树种运用引导项目,强调乡土树种的优势(Sjöman et al.,2016)。同时,城市绿化树种不恰当运用所导致的后果亦给我们带来过深刻的教训,如日本东京雪松花粉导致的过敏、美国爱荷华市银杏的恶臭等(Asgarzadeh et al.,2014)。树种的选择与运用在城市绿化建设中已不仅是林业技术要素,更是直接影响到城市森林建设成败的关键性问题(刘燕新等,2013)。因此,基于每个城市自然环境条件下的乡土树种优选与推广运用是当前城市森林建设的核心问题之一。

层次分析法(The analytic hierarchy process,AHP)能将复杂问题分解为若干个层次,通过分析、比较、量化、排序,形成一个多层次的分析结构模型(陈翠玉等,2014),实现了对人为主观判断的定性和定量分析,提高了系统评价的有效性、可靠性和可行性(张皖清等,2015)。层次分析法已在林业领域得到广泛深入的运用(Asgarzadeh et al.,2014;Curiel-Esparza et al.,2015;Ureta et al.,2016;Szulecka & Zalazar,2017;陈和明等,2009;赵靖雯等,2016;黄少雄等,2016;李录林等,2017;翁殊斐等,2017;林锐等,2017),具有广阔的应用前景。

以南京为例,其乡土树种在城区行道树中占总数的33%(韦薇等,2009),而居住区仅约17%(童丽丽等,2009);由此不难看出,乡土树种在区域大城市的运用仍相对匮乏。因此,积极挖掘和开发利用乡土树种资源,并加以优选,对构建生态型的森林城市、促进城市物种多样性、稳定城市生态系统、提升居民生活环境水平,具有重要的现实意义。本节在野外调查的基础上,结合 AHP 分析方法,预期实现:①对宁镇山脉的乡土树种资源进行全面、客观的评价,构建地区乡土树种评价体系;②了解本区域乡土树种的现状及存在问题,为区域城市树木多样性的增加与开发利用提供科学参考依据。

4.7.1　材料与方法

4.7.1.1　研究地概况

宁镇山脉是江苏省南京与镇江之间的山系,地处长江中下游平原丘陵区,沿长江南岸呈东西向北凸出的弧形山脉,绵延上百公里。该山脉分为三个支系,主要有北侧的栖霞山、幕府山及龙潭山;中间有钟山、宝华山;南侧有青龙山、汤山、牛首山等(辛建攀和田如男,2017)。其中多数山体均被城市包围或受人为干扰较大;宝华山是城市近郊中北亚热带植被保存最完整的区域。研究区域内年均温 15.4 ℃,1 月均温 1.4 ℃,7 月均温 29.7 ℃,极端低温-13 ℃,极端高温 40 ℃。全年无霜期 233 d,年降水量约为 960 mm,以 7~8 月份居多。土壤为在石灰岩、砂岩和页岩上发育形成的棕壤土。地带植被类型为落叶阔叶林、落叶阔叶与常绿阔叶混交林、竹林等。

4.7.1.2　研究方法

(1)野外调查　在宁镇山脉地区选取次生林保存较为完好的钟山、宝华山、青龙山和栖霞山为调查地,每处选取 6 条 10 m×50 m 的样带进行木本植物调查,共计调查 24 条样带 $1.2 \times 10^4 \text{m}^2$。对样带内出现的乔木和灌木进行全面调查,记录种名、株数、频度、高度、盖度、生长状况等。树种鉴定以《中国植物志》和《江苏植物志》为主要参考依据。

(2)层次分析方法　运用层次分析法对宁镇山脉分布的乡土树种资源进行评价分析,构建评价模型(图 4-16)。该模型分为 4 层,目标层 OB(对宁镇山脉主要乡土树种进行综合评价)、准则层 A(综合评价地乡土树种的 4 种特性,包括美学价值、抗逆性、生态价值和生物学特性)、指标层 B(对乡土树种综合评价的具体 17 项指标)和方案层 C(待评价的乡土树种)。

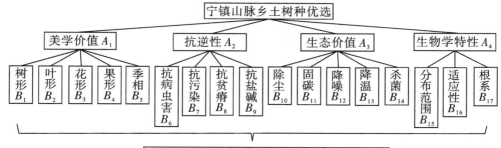

图 4-16 宁镇山脉乡土 树种综合评价模型

层次分析法一般分为 3 个步骤,分别是构建评价模型(图 4-16)、建立判断矩阵和确定指标权重以及赋值各指标进行综合评价(张锁成等,2012)。因此,在广泛征集 19 位具有林学专业背景的专家意见基础上,采用 1~9 比率标度构建判断矩阵,由此得出 OB—A(第二层因素相对于第一层的比较判断)、A—B(第三层因素相对于第二层的比较判断)共 5 个矩阵(表 4-19)。其中,λ_{max} 为判断矩阵相应行列式的非零最大特征根,一致性指标 CI(Consistency Index)= $(\lambda_{max}-n)/(n-1)$,随机一致性比率 CR(Consistency Ratio)= CI/RI;RI(Radom Index)为判断矩阵的平均随机一致性指标;1~9 阶的判断矩阵的 RI 值分别为 0,0,0.52,0.89,1.12,1.26,1.36,1.41 和 1.46。根据迈实软件(Version 1.82)完成相应的计算与检验;该软件可生成相应的专家调查表格,并可实现数据的批量处理,高效、简单、便捷,具有较强的实用性与数据可靠性。

表4-19 判断矩阵及一致性检验

Ⅰ:树种综合评价 OB—A_i,其中:$\lambda_{max}=4.187$,CR = 0.070,CI = 0.594

	美学价值 A_1	抗逆性 A_2	生态价值 A_3	生物学特性 A_4	权重(W_i)
美学价值 A_1	1	0.333	1	3	0.219
抗逆性 A_2	3	1	1	3	0.375
生态价值 A_3	1	1	1	5	0.323
生物学特性 A_4	0.333	0.333	0.200	1	0.083

Ⅱ:树种美学价值评价 A_1—B_i,其中:$\lambda_{max}=5.383$,CR = 0.085,CI = 0.096

	树形 B_1	叶形 B_2	花形 B_3	果形 B_4	季相 B_5	权重(W_i)
树形 B_1	1	0.111	0.111	0.111	0.111	0.027
叶形 B_2	9	1	0.2	0.333	0.333	0.113
花形 B_3	9	5	1	3	1	0.359
果形 B_4	9	3	0.333	1	0.333	0.174
季相 B_5	9	3	1	3	1	0.326

Ⅲ:树种抗逆性评价 $A_2 — B_i$,其中:$\lambda_{max}=3.029$,CR=0.026,CI=0.015

	抗病虫害 B_6	抗污染 B_7	抗贫瘠 B_8	抗盐碱 B_9	权重(W_i)
抗病虫害 B_6	1	1	3	5	0.372
抗污染 B_7	1	1	7	5	0.455
抗贫瘠 B_8	0.333	0.143	1	1	0.090
抗盐碱 B_9	0.2	0.2	1	1	0.083

Ⅳ:树种生态价值评价 $A_3 — B_i$,其中:$\lambda_{max}=6.613$,CR=0.040,CI=0.123

	除尘 B_9	固碳 B_{10}	降噪 B_{11}	降温 B_{12}	杀菌 B_{13}	权重(W_i)
除尘 B_{10}	1	5	1	1	3	0.261
固碳 B_{11}	0.2	1	0.2	0.143	0.333	0.045
降噪 B_{12}	1	5	1	1	7	0.310
降温 B_{13}	1	7	1	1	5	0.304
杀菌 B_{14}	0.333	3	0.143	0.2	1	0.080

Ⅴ:树种生物学特性评价 $A_4 — B_i$,其中:$\lambda_{max}=3.080$,CR=0.077,CI=0.040

	分布范围 B_{14}	适应性 B_{15}	根系 B_{16}	权重(W_i)
分布范围 B_{15}	1	0.111	0.333	0.069
适应性 B_{16}	9	1	7	0.777
根系 B_{17}	3	0.143	1	0.155

(3)乡土树种综合评价　根据宁镇山脉分布的乡土树种的美学价值、抗逆性、生态价值和生物学特性,并基于其他学者的研究成果(裴淑兰等,2016;朱倩玉等,2016),对调查样地内出现的 41 种乔木树种采用 5 级评分制进行赋值(表4-20),最终得出各树种 17 个指标的得分 $C_i(i=1,2,\cdots,17)$。同时采用层次分析法和加权平均法获得各影响因素的平均权重判断(W_i),运用以下公式计算各乡土树种的综合评价值(T_j)(陈翠玉等,2014;王嘉楠等,2017):

$$T_j = \sum C_i \times W_i$$

表 4-20　宁镇山脉乡土树种评价指标及评分标准

目标层(OB)	准则层(A)	指标层(B)	评分标准(0~5)
宁镇山脉乡土树种优选	美学价值 A_1	树形 B_1	树形差、松散~树形美、紧凑
		叶形 B_2	叶小、形差、松散~叶大、形美、紧密
		花形 B_3	花小、花少、花色单一~花大、花多、花色丰富
		果形 B_4	果小、果少、果色暗淡~果大、果多、果色丰富
		季相 B_5	叶色变化单一~叶色变化丰富
	抗逆性 A_2	抗病虫害 B_6	差、较差、一般、较强、强
		抗污染 B_7	差、较差、一般、较强、强
		抗贫瘠 B_8	差、较差、一般、较强、强
		抗盐碱 B_9	差、较差、一般、较强、强
	生态价值 A_3	除尘 B_{10}	差、较差、一般、较强、强
		固碳 B_{11}	差、较差、一般、较强、强
		降噪 B_{12}	差、较差、一般、较强、强
		降温 B_{13}	差、较差、一般、较强、强
		杀菌 B_{14}	差、较差、一般、较强、强
	生物学特性 A_4	分布范围 B_{15}	出现频率:0~0.09、0.10~0.20、0.31~0.30、0.31~0.40、>0.40
		适应性 B_{16}	差、较差、一般、较强、强
		根系 B_{17}	少、较少、一般、较多、多

4.7.2　结果与分析

4.7.2.1　乡土树种资源

调查结果表明,样地内出现的乡土木本植物共计 94 种隶属于 37 科 51 属,其中乔木层出现的树种有 55 种,灌木层有 71 种(含乔木树种的幼树幼苗)。其中以蔷薇科(Rosaceae)、壳斗科(Fagaceae)、榆科(Ulmaceae)、槭树科(Aceraceae)、蝶形花科(Fabaceae)、樟科(Lauraceae)、山茱萸科(Cornaceae)等科所含的物种较多。此外朴树(*Celtis sinensis*)、黄连木(*Pistacia chinensis*)、枫香树(*Liquidambar formosana*)、榔榆(*Ulmus parvifolia*)、白栎(*Quercus fabri*)等物种出现的频率较高。从物种的生活型看,以落叶树种居多,这也说明了研究地属北亚热带植被区系的性质。根据专家投票,投票率高于 60%的乡土树种选入本次研究分析,其中针叶树种 1 种,常绿阔叶树种 9 种,落叶阔叶树种 31 种。

4.7.2.2　宁镇山脉乡土树种的层次分析

对构造的 5 个判断矩阵进行一致性检验(表 4-19)。当判断矩阵的 CR<0.1 时或

$\lambda_{max}=n$,CI = 0 时,认为判断矩阵具有满意的一致性,否则需调整矩阵中的元素以使其具有满意的一致性。表 4-19 中的 CR 值分别为 0.070、0.085、0.026、0.040 和 0.077,均满足 CR<0.1 的条件,故这 5 个矩阵的一致性检验结果较好。

在计算出各具体评价指标(B)相对于其所属的指标准则(A)的权重值后,再与该准则(A)的权重值加权综合,最后计算出各评价指标因素(B)相对于综合评价值(OB)的权重值,从而得到层次总排序(张皖清等,2015)。由表 4-21 可知,OB—A 层中权重值最高的为抗逆性(0.375),其次为生态价值(0.323)、美学价值(0.219),最低为生物学特性(0.083)。这一权重排列说明了乡土树种在城市引种时,首先考虑的是对城市环境的适应,因为城市的热岛效应、生境破碎化、空气污染、土壤板结等现实问题要远比在其天然生境中恶劣;因此,生存问题成为乡土树种成功引种的首要考虑因素。其次生态价值与抗逆性的权重接近,说明发挥城市森林的生态效益是人工植被营造也应重点考虑的问题。一味地追求景观效果而忽视生态功能是当前城市植物景观设计的一个误区,应给予重视纠正。最后,生物学特性权重较低是因为这些树种与本地的自然条件,尤其是气候、土壤条件达成稳定平衡,已经较好地融入当地的自然生态系统中;因此专家在权重考虑时给予了较低值。

从准则层抗逆性 A_2—指标层 $B_6 \sim B_9$ 的各评价因子中,抗污染(B_7)和抗病虫害(B_6)所占的权重值分别为 0.455 和 0.372,说明这两个因子在城市绿化树种中具有较大的影响作用。一方面,城市化进程使各类污染情况日趋严重;另一方面,由于城市群落生物多样性低、结构简单,同时热岛效应明显,为病虫害的暴发提供了温床。宁镇山脉地区的南京、镇江均属于北亚热带湿润气候,四季分明、雨水充沛;因此抗污染和抗病虫害的重要性要比抗贫瘠、抗盐碱、抗旱等重要。此外,由于园林栽培技术的进步,人为干预下的城市树木均能在一定程度上减缓由于土壤不良所带来的后果。

生态价值 A_3—$B_{10} \sim B_{13}$ 的各评价因子中,权重排序依次为降噪(0.310)>降温(0.304)>除尘(0.261)>杀菌(0.080)>固碳(0.045)。随着城市的不断发展,城市污染日益加重,已经威胁到城市区域内的动植物乃至人类的健康和生存(刘燕新等,2013)。城市绿化已从早期的简单美化、休闲等功能逐步发展到更高层次的生态综合效益功能。利用绿化树种营造良好的居住环境是各类绿地规划首要考虑因素,因此改善城市噪声、热岛效应、空气污染等问题的评价因子所占权重值较大。

美学价值 A_1—$B_1 \sim B_5$ 的各评价因子中,排序依次为花形(0.359)>季相(0.326)>果形(0.174)>叶形(0.113)>树形(0.027)。从美学评价因子的权重值可知,"春花秋叶"对树种的选择有较大的影响,即能够通过城市绿化树种让居民感知季节的更替,实现人与环境的自然和谐。最后,生物学特性 A_4—$B_{15} \sim B_{17}$ 的各评价因子中,以适应性所占权重值最大(0.777),其次是树种的分布范围和根系的表现。

表 4-21　宁镇山脉乡土树种评价指标及其权重

目标(OB)	准则层(A)	指标层(B)	W_i单排序权重	W_i总排序权重
宁镇山脉乡土树种优选	美学价值 A_1(0.219)	树形 B_1	0.027	0.006
		叶形 B_2	0.113	0.025
		花形 B_3	0.359	0.079
		果形 B_4	0.174	0.038
		季相 B_5	0.326	0.071
	抗逆性 A_2(0.375)	抗病虫害 B_6	0.372	0.140
		抗污染 B_7	0.455	0.171
		抗贫瘠 B_8	0.090	0.034
		抗盐碱 B_9	0.083	0.031
	生态价值 A_3(0.323)	除尘 B_{10}	0.261	0.084
		固碳 B_{11}	0.045	0.015
		降噪 B_{12}	0.310	0.100
		降温 B_{13}	0.304	0.098
		杀菌 B_{14}	0.080	0.026
	生物学特性 A_4(0.083)	分布范围 B_{15}	0.069	0.006
		适应性 B_{16}	0.777	0.065
		根系 B_{17}	0.155	0.013

4.7.2.3　树种综合评价

根据专家打分及综合权重计算的结果,可大致将宁镇山脉乡土树种划分为 4 类:Ⅰ类(T_j>3.7),Ⅱ类(3.7>T_j>3.2),Ⅲ类(3.2>T_j>2.5)和Ⅳ类(T_j<2.5)。由表 4-22 可知,Ⅰ类乡土树种有 13 种,综合评价前 5 的分别为黄连木(*Pistacia chinensis*)、全缘叶栾树(*Koelreuteria bipinnata* var. *integrifoliola*)、枫香树、珊瑚朴(*Celtis julianae*)和乌桕(*Sapium sebiferum*),它们的得分均大于 4.3。上述 5 个乡土树种均有较佳的表现,而且在本区域分布范围较广;诸如枫香树、黄连木、乌桕等不仅具有较好的抗性、较强的环境适应性,而且其季相变化明显,具有较高的美学价值。其次朴树(*Celtis sinensis*)、榔榆(*Ulmus parvifolia*)、五角枫(*Acer pictum* subsp. *mono*)、三角槭(*Acer buergerianum*)等目前也在城市绿化中综合表现良好。因此,Ⅰ类乡土树种在后续城市绿化中应作为重点乡土树种进行大力推广使用。此外,在Ⅰ类乡土树种中,仅冬青(*Ilex chinensis*)为常绿阔叶树种,其余均为落叶阔叶树种;故后续的乡土树种的开发利用中,应加大常绿乡土树种的培育与挖掘。

Ⅱ类乡土树种有 11 种,其中常绿阔叶树种仅有紫楠(*Phoebe sheareri*)和苦槠(*Castanopsis sclerophylla*)两种,其他均为落叶阔叶树种。从表 4-22 所列的Ⅱ类树种中,仅有檫木(*Sassafras tzumu*)在南京以南地区作为造林树种出现,其他树种多数呈野生状态或未开发利用。这些乡土树种中,刺楸(*Kalopanax septemlobus*)、栓皮栎(*Quercus variabilis*)、紫楠、响叶杨(*Populus adenopoda*)、灯台树(*Cornus controversa*)等树种树干通直、树形优美,与它们近缘的一些树种有成功引种的经验,因此可作为城市森林生物多样性的丰富和后备树种资源的补充加以研究开发。

表4-22 宁镇山脉乡土树种综合评价值

排序	树种	综合评价值(T_j)	排序	树种	综合评价值(T_j)
	I 类:		22	苦槠	3.359
1	黄连木	4.763	23	檫木	3.321
2	全缘叶栾树	4.750	24	肥皂荚	3.292
3	枫香树	4.513		III 类:	
4	珊瑚朴	4.369	25	山槐	3.095
5	乌桕	4.361	26	青冈	3.078
6	朴树	4.220	27	野核桃	3.074
7	麻栎	4.199	28	大果榉	3.057
8	榔榆	4.031	29	红楠	3.016
9	五角枫	3.982	30	薄叶润楠	2.840
10	三角槭	3.778	31	红果榆	2.743
11	冬青	3.770	32	南京椴	2.720
12	木蜡树	3.766	33	毛梾	2.702
13	白栎	3.704	34	石栎	2.597
	II 类:		35	光叶糯米椴	2.510
14	刺楸	3.625		IV 类:	
15	糙叶树	3.611	36	米槠	2.474
16	响叶杨	3.603	37	宝华玉兰	2.446
17	香果树	3.551	38	马尾松	2.347
18	栓皮栎	3.513	39	羽叶泡花树	2.326
19	杜梨	3.447	40	小叶青冈	2.263
20	紫楠	3.433	41	黄檀	2.256
21	灯台树	3.423			

　　III类乡土树种有11种,这些树种中除野核桃(*Juglans cathayensis*)作为经济果树开发外,其余大多数树种极少出现在城市绿化树种名录中,它们在城市绿化中的表现一般。从前期的城市绿化树种生长状况调查发现,青冈(*Cyclobalanopsis glauca*)、红楠(*Machilus* thunbergii)、薄叶润楠(*M. leptophylla*)和石栎(*Lithocarpus glaber*)虽为常绿树种,但对城市环境适应性的要求仍有一定差距。南京椴(*Tilia miqueliana*)和光叶糯米椴(*Tilia henryana* var. *subglabra*)虽然在野外生长表现良好,但受其生物学特性制约,在城市推广应用仍有一定的难度(汤诗杰和汤庚国,2005)。

Ⅳ类乡土树种有6种,分别有米槠(*Castanopsis carlesii*)、宝华玉兰(*Magnolia zenii*)、马尾松(*Pinus massoniana*)、羽叶泡花树(*Meliosma pinnata*)、小叶青冈(*Cyclobalanopsis myrsinaefolia*)和黄檀(*Dalbergia hupeana*);上述这些树种不论是对环境的适应还是受其自身生物学特性的限制,均不宜作为宁镇山脉周边的城市绿化树种进行大面积推广。

4.7.3　讨论

4.7.3.1　科学引种,适地适树

适地适树,充分考虑乡土树种的应用。乡土树种是与当地环境长期适应、选择、竞争的产物,对当地灾害性气候有较强的抵御能力(王其松等,2007);同时,乡土树种是当地的特色植物,能形成自然的生态林,建立具有地方特色的、稳定的植物群落,从而构建具有当地特色的城市绿地景观,成为城市特征识别的重要标志(薛君艳等,2007)。因此,在城市绿化建设中挖掘和充分应用乡土树种对城市森林的构建、促进绿化造林、丰富城市生物多样性、构造地域性城市植物景观具有十分重要的意义。从本研究结果来看,宁镇山脉的Ⅰ类乡土树种中,虽然枫香树、乌桕、朴树、五角枫等在城市中或多或少均有一定的应用,但均未形成规模;而黄连木、珊瑚朴、麻栎(*Quercus acutissima*)、冬青等在城市绿地出现频率更低。乡土树种有诸多优点,为何在城市绿化中却难觅它们的身影呢?这主要是因为城市绿化管理职能虽然已划归城管部门,但相当多区域的绿化设计、树种选择,均由建设单位或开发商负责,而部分单位为了吸引眼球,片面追求新、奇、特品种,频频引入不适合城市环境的树种。乡土树种的推广应形成"政府—规划—施工"三者的有机结合,使乡土树种在城市绿地的设计之初即获得重视。在《南京市行道树树种规划》(2014—2026年)中已明确提出了"坚持以人为本、生态优先的行道树树种规划理念",其推荐的24种骨干树种中,本研究中的Ⅰ类树种多数均在列。因此,由政府相关部门牵头建立乡土树种的生产、研究与推广应用体系,是正确认识"适地适树"与乡土树种得以普遍推广的关键。

4.7.3.2　标准制定,生态优先

合理制定树种选用标准,应生态效益优先。城市绿地景观的营造与维护成本极高,因此科学合理地选用树种,对降低成本、提高成活率、提升景观效果起到至关重要的意义;反之,可能会适得其反造成干扰。多数城市在选用树种时多根据原有的种植经验进行筛选,并未形成一个普适的科学方法。此外,每个城市在选用绿化树种时,也多从其自然环境的实际情况出发。如美国的西雅图市,其选用的树种主要考虑水土保持能力,而在犹他州则主要考虑树种的抗旱性、抗寒性、抗盐碱性和抗病虫害的能力(Asgarzadeheet et al.,2014)。香樟(*Cinnamomum camphora*)虽然也是我国的乡土树种,但是其对环境的变化较为敏感,同时也易产生黄化病和出现其他病虫害现象;但目前南京以香樟为骨干

的行道树景观,是与本区域自然环境特征不相符合的。因此在城市绿化树种选用时应尽可能遵循"就近原则、适地适树原则",制定与当地环境相吻合的树种评价标准。本研究基于城市环境的考虑,从抗逆性、美学价值、生态价值和生物学特性进行考虑,基本能够满足乡土树种选用的标准;但是,其抗逆性中并未考虑抗寒、抗旱、抗高温等因素,这也是后续研究需要进一步补充完善的。

城市树种的选用不仅需要与城市的历史文化、景观特色相吻合,更应注重生态效益。本研究中的Ⅰ类和Ⅱ类乡土树种中的朴树、麻栎、栓皮栎、枫香树、三角枫、五角枫等不仅能够"出彩",更是在水土保持、滞尘、降噪、固碳释氧等方面具有较高的生态价值。因此,城市森林的营造应加大对此类树种的选用。

4.7.3.3 科学评价,突出重点

综合考虑,科学运用研究方法。本研究基于AHP法对宁镇山脉乡土树种进行综合评价,能够较好地筛选出符合当地实际情况的优良乡土树种,由此印证了该方法的科学性、实用性和客观性。但是在矩阵构建、树种打分的过程中,或多或少会带有评价者的主观意愿或受生产应用经验不足等因素的影响(史佑海和祝晓航,2014)。因此,为避免打分过程中的偏差出现,应尽可能地邀请多位专家进行评分,通过群决策的结果消除偏差;另一方面,对AHP法获得的结果,也应与实际生产应用相结合,由此获得更优的选择方案。

▶ 本 章 小 结 ◀

城市树木多样性最大的特点是带有强烈的人为干预色彩,它在满足景观效果的同时又尽可能地模拟自然群落的结构特征,并在减轻城市化问题、营造宜居环境、提供休闲游憩空间、保护城市生物多样性、促进城市可持续发展和社会和谐等方面发挥着积极的作用。因此城市树木多样性是城市森林的基础,是城市可持续发展的基石。本章在前面章节的基础上,将基本的理论方法实践于城市树木多样性的实践研究中,所选取的南京、苏州和连云港等城市具有典型的代表性。以城市绿地、居住区、城市近郊次生林、城市古树名木等为研究对象,揭示了当前城市树木多样性的现状和存在的问题,并提出了相应的改进建议。同时,将灰色关联度、层次分析法等综合分析方法与主成分分析法相结合,为增添城市树木多样性与树木引种评价提供了新的研究思路。

附录 华东地区城市树木多样性

I 裸子植物

（1）苏铁 *Cycas revoluta* Thunb.（图1）

苏铁科 Cycadaceae，苏铁属 *Cycas*

习性：常绿。茎：茎干圆柱状，干顶密被厚绒毛；干皮灰黑色，具宿存叶痕。

叶：叶片多数集生干顶，一回羽裂，大型，羽片呈V形伸展；叶柄具刺；羽片直或近镰刀状，坚硬，具刺状尖头，下面疏被柔毛，边缘反卷。

雄球花：小孢子叶球卵圆长柱形；小孢子叶窄楔形，先端圆状截形，具短尖头。

大孢子：大孢子扁椭圆形，密被灰黄色绒毛，不育顶片卵形或窄卵形，边缘深裂；胚珠密被淡褐色绒毛。

种子：橘红色，倒卵状或长圆状，明显压扁，疏被绒毛。

分布：常见于公园、居住区及其他各类场所盆栽。

图1 苏铁 *Cycas revoluta*

（2）银杏 *Ginkgo biloba* L.（图2）

银杏科 Ginkgoaceae，银杏属 *Ginkgo*

习性：落叶，乔木。

茎：树皮灰褐色，深纵裂。

枝：1年生长枝淡褐黄色，2年生枝灰色；短枝发达，黑灰色。

叶：叶扇形，顶端具波状缺刻，基部楔形，有长柄；在短枝上簇生，长枝上互生。

球花：雄球花集生于短枝顶端叶腋或苞腋，下垂，淡黄色；雌球花生于短枝叶丛，淡绿色。

种子：椭圆形，倒卵圆形或近球形，成熟时橙黄色，具白粉，外种皮肉质，中种皮骨质，内种皮膜质。

图2 银杏 *Ginkgo biloba*

分布：常见于风景区、公园、街道、高校等地。

（3）雪松 *Cedrus deodara*（Roxb. ex D. Don）G. Don（图3）

松科 Pinaceae，雪松属 *Cedrus*

习性：常绿，乔木。

茎：树皮灰色，鳞片状开裂。

枝：大枝平展，具发达短枝。

叶：针形叶短，先端锐尖，在长枝上互生，在短枝上簇生；幼叶被白粉。

球花：单生枝顶。

球果：球果卵圆形、宽椭圆形或近球形，微被白粉，熟时褐或栗褐色。

图3　雪松 *Cedrus deodara*

分布：常见于公共绿地、公园、风景名胜区、高校等地。

（4）金钱松 *Pseudolarix amabilis*（J. Nelson）Rehder（图4）①

松科 Pinaceae，金钱松属 *Pseudolarix*

习性：落叶，乔木。

茎：树皮灰褐或灰色，片块状开裂。

枝：大枝开展；具长枝和发达短枝。

叶：在长枝上螺旋状互生，在短枝上簇生，似圆盘状；条形叶，质软。

球花：雄球花簇生于短枝顶端；雌球花单生短枝顶端，直立，苞鳞小。

球果：球果当年成熟，木质，脱落。

图4　金钱松 *Pseudolarix amabilis*

分布：见于公园、植物园等地，秋季观赏性较高。

（5）日本五针松 *Pinus parviflora* Siebold et Zuccarini（图5）

松科 Pinaceae，松属 *Pinus*

习性：常绿，乔木。

茎：树皮灰黑色，鳞片状开裂。

枝：1年生枝先绿色，后变黄褐色，具密浅黄色柔毛；冬芽淡褐色，无树脂。

叶：针叶5针一束，边缘有细齿；叶鞘早落。

球花：雄球花生于新枝下部，穗状；雌球

图5　日本五针松 *Pinus parviflora*

---

①　金钱松球果图片由南程慧摄。

花生于新枝近顶端。

球果:球果圆锥状椭圆形,长 4~7.5 cm,径 3.5~4.5 cm,被树脂,无柄。

分布:公共绿地、公园、街心等处。

(6)白皮松 *Pinus bungeana* Zucc. ex Endl. (图 6)

松科 Pinaceae,松属 *Pinus*

习性:常绿,乔木。

茎:幼时树皮灰绿色,平滑,成株树皮裂成不规则块片脱落,呈白褐相间或斑鳞状。

枝:1 年生枝灰绿色,光滑;冬芽红褐色,无树脂。

叶:针叶 3 针一束,粗硬,边缘具细齿,叶鞘早落。

球花:雄球花生于新枝下部,穗状;雌球花生于新枝近顶端。

图 6 白皮松 *Pinus bungeana*

球果:球果近卵圆形或圆锥状卵圆形,鳞盾多为菱形,有横脊,鳞脐有三角状短尖刺。

分布:公园、校园等处。

(7)黑松 *Pinus thunbergii* Parlatore(图 7)

松科 Pinaceae,松属 *Pinus*

习性:常绿,乔木。

茎:树皮幼时暗灰色,老时灰黑色,片状脱落;1 年生枝淡褐黄色,无毛;冬芽银白色。

叶:针叶 2 针一束,深绿色,粗硬,边缘有细锯齿;叶鞘宿存。

球花:雄球花淡红褐色,集生于新枝下部;雌球花单生或 2~3 个,集生于新枝近顶端,浅褐红色。

球果:熟时褐色,鳞盾微肥厚,横脊显著,鳞脐微凹,有短刺。

图 7 黑松 *Pinus thunbergii*

分布:公园、植物园等处。

(8)马尾松 *Pinus massoniana* Lamb. (图 8)

松科 Pinaceae,松属 *Pinus*

习性:常绿,乔木。

茎:树皮红褐色,或灰褐色,不规则鳞状块片开裂。

枝:每年生长 1 轮;1 年生枝淡黄褐色,光滑;冬芽褐色。

叶:针叶 2 针一束,偶有 3 针一束,质细柔,下垂或微下垂;叶鞘宿存。

球花:雄球花淡红褐色,聚生于新枝下部苞腋,穗状;雌球花淡紫红色,单生或 2~4 个聚生于新枝近顶端。

图 8　马尾松 *Pinus massoniana*

球果:卵圆形或圆锥状卵圆形,有短柄,熟时深褐色;鳞盾菱形,横脊微显,鳞脐微凹,多无刺。

分布:公园、街道、城市近郊次生林。

(9)落羽杉 *Taxodium distichum*（L.）Rich.（图 9）

杉科 Taxodiaceae,落羽杉属 *Taxodium*

图 9　落羽杉 *Taxodium distichum*

习性:落叶,乔木。

茎:基部通膨大,具膝状呼吸根;树皮棕色,长条片状开裂。

枝:1 年生小枝褐色,侧生短枝 2 列,冬季侧生小枝与叶同落。

叶:叶条形,互生,扭曲成二列状排列。

球花:雄球花成总状或圆锥状花序,生于枝顶;雌球花单生去年生枝顶,珠鳞与苞鳞几合生。

球果:具短柄,熟时淡褐黄色,被白粉。

分布:公园、公共绿地、校园、滨水区域等处常见。

(10)池杉 *Taxodium distichum var. imbricatum*（Nuttall）Croom（图10）

杉科 Taxodiaceae,落羽杉属 *Taxodium*

习性:落叶,乔木。

茎:树干基部膨大,常有屈膝状的呼吸根;树皮褐色,成长条片脱落。

枝:向上斜展,树冠呈尖塔形;1 年生小枝绿色、细长,2 年生小枝呈褐红色。

叶:钻形,微内曲,在枝上螺旋状伸展,基部下延,螺旋状互生。

球花:与落羽杉近似。

球果:球果圆球形或矩圆状球形,有短梗,熟时褐黄色;种鳞木质,盾形。

分布:公园及湿地较常见。

(11)水杉 *Metasequoia glyptostroboides* Hu & W. C. Cheng（图11）①

杉科 Taxodiaceae,水杉属 *Metasequoia*

习性:落叶,乔木。

茎:树干通直;树皮灰色,常呈长条状脱落,内皮淡紫褐色。

枝:小枝对生或近对生,侧生小枝排成羽状,冬季与叶同时凋落。

叶:对生;叶条形,质软,在侧枝上排成羽状。

球花:雄球花单生叶腋或枝顶,具短梗;雌球花单生侧生小枝顶端,珠鳞与苞鳞合生。

球果:种鳞交互对生,木质,盾形,顶端扁菱形。

分布:多见于公园、街道、校园等地。

(12)柳杉 *Cryptomeria japonica var.*

图 10　池杉 *Taxodium distichum var. imbricatum*

图 11　水杉 *Metasequoia glyptostroboides*

---

①　水杉球花图片由南程慧摄。

sinensis Miquel（图 12）

杉科 Taxodiaceae，柳杉属 *Cryptomeria*

习性：常绿，乔木。

茎：树皮棕红色，呈长条片开裂。

枝：大枝近轮生，平展或向上斜展；小枝细长，下垂。

叶：钻形，内弯曲，先端内曲，螺旋状互生；幼树及萌芽枝的叶长达 2~4 cm。

球花：雄球花单生叶腋，近枝顶集生；雌球花单生枝顶。

球果：圆球形；种鳞上部有 4~5 短三角形裂齿，鳞背中部具 1 个三角状分离的苞鳞尖头。

分布：公园、公共绿地及街心偶见。

图 12　柳杉 *Cryptomeria japonica var. sinensis*

（13）柏木 *Cupressus funebris* Endl.（图 13）

柏科 Cupressaceae，柏木属 *Cupressus*

习性：常绿，乔木。

茎：树皮浅灰褐色，窄长条片开裂。

枝：小枝绿色，老枝暗褐紫色；鳞叶小枝扁平排成一平面，下垂，两面同色。

叶：鳞叶交互对生，先端锐尖，中部之叶的背部有腺点。

球花：雄球花椭圆形或卵圆形，雌球花近球形。

球果：圆球形，熟时暗褐色；种子宽倒卵状菱形或近圆形，扁，淡褐色，具窄翅。

分布：多分布于陵园、寺庙等地。

图 13　柏木 *Cupressus funebris*

（14）圆柏 *Juniperus chinensis* L.（图 14）

柏科 Cupressaceae，刺柏属 *Juniperus*

习性：常绿，乔木。

茎：树皮暗灰色，呈条片纵裂；树冠尖塔形。

枝：常直或稍弧状弯曲，生鳞叶的小枝近圆柱形或近四棱形。

叶：叶二型，刺叶生于幼树，老树全为鳞叶。刺叶轮生，鳞叶交互对生。

球花：雌雄异株，稀同株，球花单生枝顶。

球果：近圆球形，肉质，熟时暗褐色，被

图 14　圆柏 *Juniperus chinensis*

白粉。

分布:较为广泛,公共绿地、街道、公园、校园等处均可见。

[近缘种]龙柏 *Juniperus chinensis* 'Kaizuca' 为圆柏的栽培品种,在城市区域也较为常见,其枝条常向上直展,呈扭转上升之势。

(15)刺柏 *Juniperus formosana* Hayata(图15)[①]

柏科 Cupressaceae,刺柏属 *Juniperus*

习性:常绿,乔木。

茎:树皮褐色,成长条薄片开裂。

枝:小枝下垂,三棱形。

叶:3 叶轮生,条状刺形,先端渐尖具锐尖头,中脉两侧各有 1 条白色气孔带,叶基不下延。

球花:雄球花圆球形,背有纵脊。

球果:球果近球形,熟时浅红褐色,被白粉或脱落。

分布:公园、植物园等处偶见。

图15　刺柏 *Juniperus formosana*

(16)侧柏 *Platycladus orientalis*(L.)Franco(图16)

柏科 Cupressaceae,刺柏属 *Juniperus*

习性:常绿,乔木。

茎:树皮淡灰褐色;老树树冠呈广圆形。

枝:生鳞叶的小枝直展,扁平,排成一平面。

叶:细小,交互对生,背面有腺点。

球花:雌雄同株,球花单生枝顶。

球果:卵状椭圆形,成熟时褐色;种鳞木质,扁平,背部顶端下方有一弯曲的钩状尖头。

分布:多见于公园等地。

图16　侧柏 *Platycladus orientalis*

[近缘种] 洒金千头柏 *Platycladus orientalis* 'Aurea Nana' 为侧柏的栽培品种,多呈丛生灌木,无主干;枝密,上伸;叶绿色。

(17)罗汉松 *Podocarpus macrophyllus*(Thunb.)Sweet(图17)

罗汉松科 Podocarpaceae,罗汉松属 *Podocarpus*

---

① 刺柏叶部和整体图片分别由李蒙和陈林摄。

习性:常绿,乔木。

茎:树皮灰褐色,呈薄片状开裂。

枝:开展,密被黑色软毛或光滑。

叶:叶螺旋状互生,革质,线状披针形,微弯,先端尖,基部楔形,中脉显著隆起,背面灰绿色。

球花:雄球花穗状、腋生,常于簇生短总梗上;雌球花单生叶腋。

种子:种子卵圆形或近球形,假种皮成熟时紫黑色,被白粉;肉质种托柱状椭圆形,红或紫红色。

分布:多见于寺庙、公园、街心等处。

图 17　罗汉松 *Podocarpus macrophyllus*

[近缘种] 短叶罗汉松 *Podocarpus macrophyllus var. maki* Siebold & Zuccarini 为罗汉松的变种,叶短而密生,长 2.5~7 cm,宽 3~7mm,先端钝或圆;在城市绿化景观中也较为常见。

(18)粗榧 *Cephalotaxus sinensis* (Rehder et E. H. Wilson) H. L. Li (图 18)

三尖杉科 Cephalotaxaceae,三尖杉属 *Cephalotaxus*

习性:常绿,小乔木。

茎:树皮紫色,光滑,片状开裂。

叶:条形,排列成两列,基部近圆形,几无柄,先端通常渐尖,叶背有两条白色气孔带。

球花:雄球花聚生成头状;雌球花具长梗,生于小枝基部苞片的腋部。

种子:卵圆形,顶端中央有一小尖头。

分布:公园、植物园等处偶见。

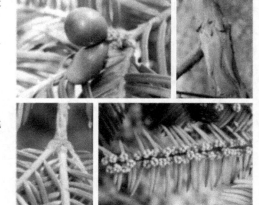

图 18　粗榧 *Cephalotaxus sinensis*

(19)榧树 *Torreya grandis* Fort. ex Lindl.
(图 19)

红豆杉科 Taxaceae,榧树属 *Torreya*

习性:常绿,乔木。

茎:树皮淡灰褐色,不规则纵裂。

枝:1 年生小枝绿色,2~3 年生小枝黄绿或浅褐黄色。

叶:条形,直,先端凸尖成刺状短尖头,基部圆或微圆,上面亮绿色,背面淡黄绿色气孔带。

球花:雄球花圆柱状,雄蕊多数。

图 19　榧树 *Torreya grandis*

种子:倒卵形或长椭圆形,熟时假种皮淡紫褐色,有白粉,顶端有小凸尖头。

分布:公园、植物园等处有,偶见。

(20)南方红豆杉 *Taxus wallichiana var. mairei*(Lemee & H. Léveillé)L. K. Fu & Nan Li(图20)

红豆杉科 Taxaceae,红豆杉属 *Taxus*

习性:常绿,乔木。

茎:树皮褐红色,不规则片状开裂。

枝:小枝不规则互生,基部有多数或少数宿存的芽鳞。

叶:叶条形,螺旋状着生,基部扭转排成二列;微弯;叶背黄绿色。

球花:雌雄异株,球花单生叶腋;雄球花圆球形,有梗;雌球花几无梗。

种子:具肉质、杯状、红色的假种皮。

分布:公园、植物园等处偶见。

图20　南方红豆杉 *Taxus wallichiana var. mairei*

Ⅱ　被子植物

(1)玉兰 *Magnolia denudata* Desr.(图21)

木兰科 Magnoliaceae,木兰属 *Magnolia*

习性:落叶,乔木。

茎:树皮暗灰色,粗糙开裂。

枝:具环状托叶痕,小枝粗壮,灰褐色,皮孔明显;冬芽及密被浅黄色绢毛。

叶:倒卵形或倒卵状椭圆形,叶尖具短突尖。

花:先叶开放;花被片9,白色。

果:聚合蓇葖果,木质,褐色,具白色皮孔。

分布:常见于各类公共绿地。

(2)紫玉兰 *Magnolia liliiflora* Desrousseaux(图22)

木兰科 Magnoliaceae,木兰属 *Magnolia*

习性:落叶,灌木。

茎:丛生状,树皮灰褐色。

枝:具环状托叶痕,小枝紫色或浅褐紫色。

叶:叶椭圆状倒卵形或倒卵形,先端急尖或渐尖,基部楔形。

图21　玉兰 *Magnolia denudata*

花:花叶同放;花被片 9~12,外轮萼片状 3,早落,内两轮肉质,外面紫红色,内面白色。

果:聚合蓇葖果,暗紫褐色,圆柱形。

分布:常见于各类公共绿地。

(3)二乔玉兰 *Magnolia soulangeana* Soul. -Bod.(图 23)

木兰科 Magnoliaceae,木兰属 *Magnolia*

习性:落叶,乔木。

茎:树皮深灰色,光滑。

枝:具环状托叶痕,光滑无毛。

叶:倒卵形,先端急尖;叶基楔形。

花:先叶开放;花被片 6~9,花被多少带红色。

果:聚合蓇葖果,木质,熟时黑色,具白色皮孔,多少有不完全发育的胚珠。

分布:常见于各类公共绿地。

(4)荷花玉兰 *Magnolia grandiflora* L.(图 24)

木兰科 Magnoliaceae,木兰属 *Magnolia*

习性:常绿,乔木。

茎:树皮浅灰褐色,薄鳞片状开裂,粗糙,皮孔明显。

枝:具环状托叶痕,小枝粗壮,髓心片状分隔;嫩枝密被褐黄色绒毛。

叶:叶厚革质,椭圆形,先端钝或短钝尖,基部楔形,叶面正面亮绿色,背面密被锈黄色绒毛。

花:白色;花被片 9~12;雌蕊群密被长绒毛,花柱卷曲。

果:聚合蓇葖果,革质或近木质,灰褐色;种子外种皮红色。

分布:常见于居住区、公共绿地及街道等处。

(5)含笑花 *Michelia figo*(Lour.)Spreng.(图 25)

木兰科 Magnoliaceae,含笑属 *Michelia*

习性:常绿,灌木或呈小乔木状。

茎:树皮灰褐色,光滑。

枝:具环状托叶痕,嫩枝密被浅黄色绢毛。

叶:革质,狭椭圆形或倒卵状椭圆形,先端钝短尖,正面光滑无毛,背面有毛或无;叶柄有毛。

花:浅米黄色,边缘带红色或紫色;花被片 6;雌蕊群柄具淡黄色绒毛。

图 22　紫玉兰 *Magnolia liliiflora*

图 23　二乔玉兰 *Magnolia soulangeana*

图 24　荷花玉兰 *Magnolia grandiflora*

果:聚合蓇葖果,木质。

分布:常见于各类公共绿地或风景名胜区。

(6)乐昌含笑 *Michelia chapensis* Dandy(图26)

木兰科 Magnoliaceae,含笑属 *Michelia*

图25　含笑花 *Michelia figo*　　　图26　乐昌含笑 *Michelia chapensis*

习性:常绿,乔木。

茎:树皮灰褐色,光滑。

枝:具环状托叶痕;小枝无毛或仅嫩时略有柔毛。

叶:倒卵形,先端急短渐尖,或呈突尖,基部楔形,光滑。

花:淡黄色,花被片6。

果:聚合蓇葖果,顶端具短细弯尖头;种子红色。

分布:常见于校园、居住区等地。

(7)深山含笑 *Michelia maudiae* Dunn
(图27)

木兰科 Magnoliaceae,含笑属 *Michelia*

习性:常绿,乔木。

茎:树皮浅灰褐色,光滑。

枝:具环状托叶痕,嫩枝有白粉。

叶:长圆状椭圆形,先端急短渐尖,基部楔形,正面亮绿色,背面灰绿色,具白粉。

花:纯白色,花被片9。

果:聚合蓇葖果;种子红色。

分布:常见于校园、公园等处。

(8)鹅掌楸 *Liriodendron chinense* (Hemsl.)Sarg.(图28)

图27　深山含笑 *Michelia maudiae*

木兰科 Magnoliaceae,鹅掌楸属 Liriodendron

习性:落叶,乔木。

茎:树皮灰白色,光滑。

枝:具环状托叶痕,小枝灰褐色。

叶:马褂状,基部每边具1侧裂片,先端具2浅裂或截平状,叶背苍白。

花:花被片9,外轮3片绿色-萼片状,内两轮6片黄绿色-花瓣状,具黄色纵条纹。

果:聚合坚果,圆锥状;坚果具翅。

分布:常见于校园、公园等处。

图28　鹅掌楸 Liriodendron chinense

(9)樟 Cinnamomum camphora（L.）Presl(图29)

樟科 Lauraceae,樟属 Cinnamomum

习性:常绿,乔木。

茎:树皮土黄色,不规则的纵裂。全株具有樟脑气味。

枝:圆柱形,黄绿色,光滑;顶芽鳞片略被绢状毛。

叶:互生,卵状椭圆形,边缘全缘,呈微波状,具离基三出脉,脉腋处有明显腺窝。

花:圆锥花序腋生。花浅黄色,花被片小,2轮。

图29　樟 Cinnamomum camphora

果:核果,卵球形,熟时紫黑色,果托杯状,花被片脱落。

分布:常见于各类公共绿地,是区域内最常见的乔木之一。

(10)山胡椒 Lindera glauca（Sieb. et Zucc.）Bl.(图30)

樟科 Lauraceae,山胡椒属 Lindera

习性:落叶,灌木或小乔木。

茎:树皮灰色,光滑。

枝:嫩枝具灰白色毛。

叶:叶互生,椭圆形或倒卵形,正面深绿色,背面浅绿色,被白色柔毛;叶枯而不落,第二年新叶发出时落下。

花:伞形花序,腋生;单性花,花被片黄色。

果:核果,果被片脱落。

图30　山胡椒 Lindera glauca

分布:偶见于公园,常见于城市次生林。

(11)粉花绣线菊 *Spiraea japonica* L. f.
(图31)

蔷薇科 Rosaceae,绣线菊属 *Spiraea*

习性:落叶,灌木。

茎:树皮暗灰色。

枝:细长,无毛或幼时有柔毛。

叶:卵形,或卵状椭圆形,具缺刻状垂锯齿或单锯齿。

花:复伞房花序,密被柔毛;花小,粉色。

果:蓇葖果,萼片宿存。

分布:常见于各类公共绿地。

(12)李叶绣线菊 *Spiraea prunifolia*
Sieb. et Zucc.(图32)

蔷薇科 Rosaceae,绣线菊属 *Spiraea*

习性:落叶,灌木。

茎:常呈丛生状。

枝:浅褐色,细长,圆柱形,光滑;冬芽具数个鳞片。

叶:卵形至卵状披针形,先端急尖,基部楔形,边缘有缺刻状重锯齿或单锯齿。

花:复伞房花序,花小,密集;花瓣粉红色。

果:蓇葖果。

分布:常见于公园、道路、街心等处。

(13)火棘 *Pyracantha fortuneana*(Maxim.)Li(图33)

蔷薇科 Rosaceae,火棘属 *Pyracantha*

习性:常绿,灌木。

茎:多呈丛生状。

枝:具刺状侧枝,嫩枝被锈色短柔毛。

叶:倒卵形,先端圆钝或微凹,边缘有钝锯齿。

花:复伞房花序;花略小,花瓣白色。

果:梨果,熟时红色。

分布:常见于各类公共绿地。

(14)皱皮木瓜 *Chaenomeles speciosa*(Sweet)
Nakai(图34)

蔷薇科 Rosaceae,木瓜属 *Chaenomeles*

图31　粉花绣线菊 *Spiraea japonica*

图32　李叶绣线菊 *Spiraea prunifolia*

图33　火棘 *Pyracantha fortuneana*

习性：落叶，灌木。

茎：多呈丛生状。

枝：具枝刺，微扭曲，光滑，灰褐色或黑褐色，有皮孔。

叶：卵形至椭圆形，边缘具尖锐锯齿，托叶大，肾形或半圆形（有尖锐重锯齿）。

花：先叶开放，簇生状；花梗短粗，花瓣多猩红色，偶有淡红色或白色。

果：梨果，具芳香。

分布：常见于公园、街心等处。

（15）木瓜 *Chaenomeles sinensis*（Thouin）Koehne（图35）①

蔷薇科 Rosaceae，木瓜属 *Chaenomeles*

习性：落叶，小乔木。

茎：树皮成片状脱落，光滑。

枝：嫩枝紫红色，2年生枝紫褐色。

叶：椭圆卵形或椭圆长圆形，先端急尖，边缘有刺芒状尖锐锯齿，齿尖有腺，叶背幼时密被黄白色绒毛，后脱落；托叶边缘具腺齿。

花：单生于叶腋；花瓣淡粉红色。

果：梨果，长椭圆形，黄色，木质，具芳香。

分布：多见于各类公园。

（16）枇杷 *Eriobotrya japonica*（Thunb.）Lindl.（图36）

蔷薇科 Rosaceae，枇杷属 *Eriobotrya*

习性：常绿，小乔木。

茎：树皮暗灰色，粗糙。

枝：小枝粗壮，密被锈色或灰棕色绒毛。

叶：倒披针形、倒卵形或椭圆长圆形等，基部楔形，上部边缘有疏锯齿，叶背密生灰棕色绒毛。

花：圆锥花序顶生，具多花；总花梗、花梗、苞片、萼筒及萼片外面密生锈色绒毛；花瓣白色。

果：梨果球形或长圆形，黄色或橘黄色，外有锈色柔毛，后脱落。

分布：常见于各类公共绿地。

图34 皱皮木瓜 *Chaenomeles speciosa*

图35 木瓜 *Chaenomeles sinensis*

图36 枇杷 *Eriobotrya japonica*

---

① 木瓜图片由陈林摄。

（17）垂丝海棠 *Malus halliana* Koehne（图 37）

蔷薇科 Rosaceae，苹果属 *Malus*

习性：落叶，小乔木。

茎：树皮灰色，光滑；多见刺状残枝。

枝：细弱，微弯，紫色或紫褐色；冬芽紫色。

叶：卵形或椭圆形至长椭卵形，边缘有圆钝细锯齿；托叶小，早落。

花：伞房花序，下垂，花梗紫色；花瓣倒卵形，粉红色。

果：梨果，梨形或倒卵形，略带紫色，萼片脱落。

分布：常见于各类公共绿地。

（18）西府海棠 *Malus × micromalus* Makino（图 38）①

蔷薇科 Rosaceae，苹果属 *Malus*

图 37　垂丝海棠 *Malus halliana*　　　图 38　西府海棠 *Malus × micromalus*

习性：落叶，小乔木。

茎：树皮灰色，光滑；茎干直立。

枝：小枝细弱，紫红色或暗褐色，具稀疏皮孔；冬芽卵形，暗紫色。

叶：叶片长椭圆形，先端急尖，基部楔形，边缘有尖锐锯齿，嫩叶被短柔毛；托叶早落。

花：伞形总状花序，集生于小枝顶端；花径中等，花瓣粉红色。

果：梨果，球形，熟时红色。

分布：多见于各类公园。

（19）山楂 *Crataegus pinnatifida* Bge.（图 39）

蔷薇科 Rosaceae，山楂属 *Crataegus*

习性：落叶，乔木。

茎：树皮粗糙，深灰色或灰褐色。

---

① 　西府海棠叶子和果实由应耿迪摄。

枝:具刺或无;小枝圆柱形,当年生枝紫褐色,疏生皮孔,老枝灰褐色;冬芽紫色。

叶:宽卵形或三角状卵形,通常两侧各有3~5羽状深裂片,边缘有尖锐稀疏不规则重锯齿;托叶边缘有锯齿。

花:复伞房花序,顶生,花量大;花瓣白色。开花时具臭味。

果:梨果近球形,深红色,有白色斑点。

分布:偶见于公园或庭院。

图39 山楂 *Crataegus pinnatifida*

(20) 石楠 *Photinia serratifolia* (Desfontaines) Kalkman(图40)

蔷薇科 Rosaceae,石楠属 *Photinia*

习性:常绿,灌木或小乔木。

茎:树皮暗灰色。

枝:褐灰色,光滑;冬芽鳞片褐色,无毛。

叶:长椭圆形,先端略尾尖,边缘细锯齿明显。

花:复伞房花序,顶生,花量大;花小,花瓣白色。开花时具臭味。

果:梨果球形,熟时红色。

分布:常见于各类公共绿地,较为广泛栽培。

[近缘种] 红叶石楠 *Photinia × fraseri* Dress 为石楠属的杂交种,因其鲜红色的新梢和嫩叶而得名;在城市绿化景观中也较为常见(图40右下)。

图40 石楠 *Photinia serratifolia*

(21) 豆梨 *Pyrus calleryana* Dcne. (图41)

蔷薇科 Rosaceae,梨属 *Pyrus*

习性:落叶,乔木。

茎:树皮暗灰色,粗糙开裂。

枝:圆柱形,嫩时具绒毛,后脱落,2 年生枝灰褐色;冬芽略有绒毛。

叶:叶片宽卵形至卵形,先端渐尖,基部圆形至宽楔形,边缘有钝锯齿;托叶线形。

花:伞形总状花序;花瓣白色;花药紫红色。

果:梨果球形,小,黑褐色,有斑点,萼片脱落。

分布:见于公园、居住区或城市次生林。

图41 豆梨 *Pyrus calleryana*

（22）棣棠花 *Kerria japonica*（L.）DC.（图42）

蔷薇科 Rosaceae,棣棠花属 *Kerria*

习性:落叶,灌木。

枝:绿色,光滑,常呈拱垂状。

叶:倒卵形或倒卵状椭圆形,叶尖具短突尖。

花:互生,三角状卵形或卵圆形,顶端长渐尖,边缘有尖锐重锯齿,两面绿色。

果:瘦果倒卵形至半球形,褐色或黑褐色,表面有皱褶。

分布:常见于各类公共绿地。

［近缘种］ 重瓣棣棠花 *Kerria japonica*（L.）DC. f. pleniflora（Witte）Rehd.,花重瓣;在城市绿化景观中较为常见(图42左下)。

图42 棣棠花 *Kerria japonica*

（23）木香花 *Rosa banksiae* Ait.（图43）①

蔷薇科 Rosaceae,蔷薇属 *Rosa*

习性:半常绿,攀援小灌木。

枝:圆柱形,光滑无毛,有短小皮刺,老时变硬。

叶:3~5 小叶复叶;托叶线形,离生,早落。

花:伞形花序,花小;花瓣重瓣至半重瓣,白色。

果:蔷薇果。

分布:见于公园、居住区等处。

图43 木香花 *Rosa banksiae*

（24）月季花 *Rosa chinensis* Jacq.（图44）

蔷薇科 Rosaceae,蔷薇属 *Rosa*

习性:灌木。

枝:粗壮,圆柱形,光滑,具钩状皮刺。

叶:3~5 小叶复叶,小叶边缘有锐锯齿;托叶大部贴生于叶柄,边缘常有腺毛。

花:集生,稀单生;花瓣重瓣至半重瓣,红色、粉红色至白色。

果:卵球形或梨形。

分布:常见于各类公共绿地、庭院等处。

图44 月季花 *Rosa chinensis*

---

① 木香花的整体概貌及花部由李蒙摄。

（25）野蔷薇 *Rosa multiflora* Thunb.（图 45）

蔷薇科 Rosaceae,蔷薇属 *Rosa*

习性:半常绿,攀援状灌木。

枝:圆柱形,光滑,具弯钩皮刺。

叶:5~9 小叶复叶;托叶篦齿状,大部贴生于叶柄。

花:圆锥状花序,花多;花瓣白色,先端微凹。

果:球形,熟时红色,萼片早落。

分布:多野生于城市荒地或近郊。

（26）桃 *Amygdalus persica* L.（图 46）

蔷薇科 Rosaceae,桃属 *Amygdalus*

图 45　野蔷薇 *Rosa multiflora*

图 46　桃 *Amygdalus persica*

习性:落叶,小乔木。

茎:树皮暗灰或红褐色,皮孔明显,或老时粗糙呈鳞片状。

枝:细长,光滑,绿色,皮孔明显;冬芽常 3 个簇生,中间为叶芽,两侧为花芽。

叶:长椭圆状披针形,先端渐尖,边具细锯齿,齿端具腺体或无;叶柄常具 1 至数枚腺体或无。

花:单生,先叶开放;花梗极短;花瓣粉红色。

果:核果,外面密被短柔毛;核大,表面具纵、横沟纹和孔穴。

分布:常见于各类公共绿地,是分布较广的城市树木之一。

（27）李 *Prunus salicina* Lindl.（图 47）

蔷薇科 Rosaceae,李属 *Prunus*

习性:落叶,乔木。

茎:树皮深灰褐色,粗糙开裂。枝:老嫩枝黄红色,光滑;老枝红褐色;冬芽卵圆形,红紫色,具覆瓦状排列鳞片。

叶:长圆倒卵形、长椭圆形等,先端渐尖,边缘有圆钝重锯齿;托叶早落;叶柄顶端有 2 个腺体或无。

花:常 3 朵并生;花梗 1~2 cm,通常无毛;花瓣白色,先端啮蚀状,基部带紫色脉纹。

果:核果球形,外具蜡粉;核卵圆形或长圆形,有皱纹。

分布:常见于庭院或近郊。

(28)紫叶李 *Prunus cerasifera f. atropurpurea*（Jacq.）Rehd.（图 48）

蔷薇科 Rosaceae,李属 *Prunus*

图 47　李 *Prunus salicina*　　　图 48　紫叶李 *Prunus cerasifera f. atropurpurea*

习性:落叶,小乔木。

茎:树皮暗黑色,粗糙不规则开裂。

枝:细长,分枝密,暗灰色,具棘刺;小枝暗红色,光滑;冬芽卵圆形,具覆瓦状排列鳞片。

叶:紫色,椭圆形、卵形等,边缘有圆钝锯齿;托叶早落。

花:单生,花量大;花瓣白色。

果:核果近球形,暗红色,被蜡粉;核表面平滑或粗糙或有时呈蜂窝状,背缝具沟。

分布:常见于各类公共绿地,尤其以道路、街心公园、居住区、广场等较为常见。

(29)杏 *Armeniaca vulgaris* Lam.（图 49）

蔷薇科 Rosaceae,杏属 *Armeniaca*

习性:落叶,乔木。

茎:树皮灰褐色,纵裂。

枝:1 年生枝淡红褐色,光滑,小皮孔明显;多年生枝淡褐色,皮孔横生,大。

叶:叶片宽卵形或圆卵形,先端急尖至短渐尖,叶缘具圆钝锯齿;叶柄常具腺体。

花:先叶开放,单生;花梗短,有短柔毛;花瓣白色或具红色。

果:核果球形,白色、黄色至黄红色,常具红晕,外被柔毛;核卵形,表面略粗糙或平滑。

图 49　杏 *Armeniaca vulgaris*

分布:常见于各类公共绿地、居住区等。

（30）梅 *Armeniaca mume* Sieb.（图50）①

蔷薇科 Rosaceae,杏属 *Armeniaca*

习性:落叶,小乔木。

茎:树皮灰色或深灰黑色,老时不规则开裂。

枝:嫩枝绿色,光滑。

叶:卵形或椭圆形,先端尾尖,基部宽楔形至圆形,叶边常具小锐锯齿;叶柄常具腺体。

花:先叶开放,花单生或双生;花瓣白色至粉红色。

果:核果球形,熟时黄色或绿白色,外被柔毛;核椭圆形,表面具蜂窝状孔穴。

分布:常见于各类公共绿地。

图50 梅 *Armeniaca mume*

（31）樱桃 *Cerasus pseudocerasus*（Lindl.）G. Don（图51）②

蔷薇科 Rosaceae,樱属 *Cerasus*

习性:落叶,乔木。

茎:树皮浅灰色带白,粗糙开裂,皮孔明显。

枝:嫩枝绿色,老枝灰褐色,无毛或被疏柔毛。

叶:叶片卵形或长圆状卵形,叶缘具尖锐重锯齿,齿端有小腺体;叶柄长先端有具明显腺体;托叶早落。

花:先叶开放,伞房状或近伞形花序;萼筒钟状,外面被疏柔毛;花瓣白色。

果:核果球形,红色;内核平滑。

分布:常见于庭院、公园等处。

图51 樱桃 *Cerasus pseudocerasus*

（32）山樱花 *Cerasus serrulata*（Lindl.）G. Don ex London（图52）③

蔷薇科 Rosaceae,樱属 *Cerasus*

习性:落叶,乔木。

茎:树皮灰褐色或灰黑色,具横生皮孔。

---

① 梅果实图片由南程慧摄。

② 樱桃整体树形图片由应耿迪摄。

③ 山樱花整体树形和花部图片分别由陈林和李蒙摄;日本晚樱花部图片由李蒙摄。

枝:小枝灰白色或淡褐色,光滑。

叶:卵状椭圆形或倒卵椭圆形,先端渐尖,叶缘具单锯齿及重锯齿,齿尖有小腺体,叶柄先端具腺体;托叶线形,早落。

花:伞房总状或近伞形;花序总梗及花梗无毛或被极稀疏柔毛;萼筒管状;花瓣白色,先端下凹。

果:核果球形或卵球形,紫黑色。

分布:常见于各类公共绿地。

[近缘种] 日本晚樱 *Cerasus serrulata* var. *lannesiana*(Carri.) Makino 为山樱花的变种,其叶边有渐尖重锯齿,齿端有长芒,花重瓣;由于其观赏价值较高,在城市绿化景观中较为常见。

图52　山樱花 *Cerasus serrulata*

(33)蜡梅 *Chimonanthus praecox*(L.) Link(图53)

蜡梅科 Calycanthaceae,蜡梅属 *Chimonanthus*

习性:落叶,灌木。

枝:幼枝四棱形,老枝圆柱形,灰褐色,具皮孔;芽鳞片覆瓦状排列,外被短柔毛。

叶:纸质,卵圆形、椭圆形等,顶端急尖,叶上粗糙。

花:先花后叶,芳香;花被片蜡黄色,具褐色条纹。

果:聚合果,木质化,坛状,并具有钻状披针形的被毛附生物。

分布:常见于庭院、公园、校园等处。

(34)夏蜡梅 *Calycanthus chinensis*(W. C. Cheng & S. Y. Chang) W. C. Cheng & S. Y. Chang ex P. T. Li(图54)

蜡梅科 Calycanthaceae,夏蜡梅属 *Calycanthus*

图53　蜡梅 *Chimonanthus praecox*　　　图54　夏蜡梅 *Calycanthus chinensis*

习性:落叶,灌木。

茎:树皮灰白色,皮孔明显。

枝:对生,无毛或幼时被疏微毛。芽生于叶柄基部。

叶:宽卵状椭圆形、卵圆形或倒卵形,基部略不对称,略粗糙;叶柄被黄色硬毛,后光滑。

花:无芳香;花被片螺旋状着生于杯状或坛状的花托上,白色,边缘淡紫红色,有脉纹。

果:瘦果,果托钟状或近顶口紧缩,密被柔毛。

分布:偶见于公园或校园。

(35)云实 *Caesalpinia decapetala*(Roth)Alston(图55)

苏木科 Caesalpiniaceae,云实属 *Caesalpinia*

习性:落叶,攀援性灌木。

茎:树皮深红色。

枝:被柔毛和钩刺。

叶:大型二回羽状复叶,叶柄基部具刺1对;小叶膜质,长圆形,两面具短柔毛,老时渐无毛;托叶早落。

花:总状花序顶生,花量大,总花梗多刺;假蝶形花冠,花瓣黄色,盛开时反卷。

果:荚果,长舌形,熟时栗褐色,光滑。

分布:偶见于郊野类公园。

(36)紫荆 *Cercis chinensis* Bunge(图56)

苏木科 Caesalpiniaceae,紫荆属 *Cercis*

图55　云实 *Caesalpinia decapetala*　　图56　紫荆 *Cercis chinensis*

习性:落叶,灌木。

茎:树皮灰白色,具皮孔。

枝:略弯曲,灰白色。

叶:近圆形或三角状圆形,基部心形,互生。

花:紫红色或粉红色,簇生于老枝和主干上,假蝶形花冠。

果:荚果,扁狭长形,具窄翅;种子黑亮。

分布:常见于各类公共绿地。

(37)合欢 *Albizia julibrissin* Durazz.（图 57）

含羞草科 Mimosaceae，含羞草属 *Mimosa*

习性:落叶乔木。

茎:树皮灰白色,粗糙,皮孔明显。

枝:小枝有棱角,嫩枝被毛。

叶:二回羽状复叶,总叶柄近基部具 1 枚腺体;小叶中脉偏斜,菜刀状。

花:头状花序;花粉红色,花萼管状。

果:荚果,扁平带状。

分布:常见于各类公共绿地。

(38)槐 *Styphnolobium japonicum*（L.）Schott（图 58）

蝶形花科 Papilionaceae，槐属 *Styphnolobium*

图 57 合欢 *Albizia julibrissin*

图 58 槐 *Sophora japonica*

习性:落叶,乔木。

茎:树皮灰褐色,具纵裂纹。

枝:1 年生枝绿色,光滑。

叶:羽状复叶,叶柄基部膨大,包裹着芽(柄下芽);小叶对生或近互生,具小尖头。

花:圆锥花序顶生;蝶形花冠,花冠白色或浅黄色,旗瓣有紫色脉纹。

果:荚果念珠状,种子间缢缩,干后黑褐色。

分布:街道、公园、居住区等处。

[近缘种]龙爪槐 *Styphnolobium japonica f. pendula* Hort. apud Loud. 为槐的变型,其枝和小枝均下垂,并向不同方向弯曲盘悬,形似龙爪;在城市绿化景观中较为常见(图 58 右下图)。

(39)刺槐 *Robinia pseudoacacia* L.（图 59）

蝶形花科 Papilionaceae，刺槐属 *Robinia*

习性:落叶,乔木。

茎:树皮灰黑或黑褐色,浅裂至深纵裂。

枝:灰褐色,具托叶刺;冬芽小,被毛。

叶:羽状复叶;小叶,对生,椭圆形,先端微凹,具小尖头;小托叶针芒状。

花:总状花序腋生,下垂,花量大,芳香;蝶形花冠,白色。

果:荚果褐色,扁平条带状。

分布:街道、公园、城市荒地等。

(40)黄檀 *Dalbergia hupeana* Hance(图60)

蝶形花科 Papilionaceae,黄檀属 *Dalbergia*

图59 刺槐 *Robinia pseudoacacia*   图60 黄檀 *Dalbergia hupeana*

习性:落叶,乔木。

茎:树皮暗灰色,薄片状剥落。

枝:1年生枝浅绿色。

叶:羽状复叶;小叶椭圆形至长圆状椭圆形,先端钝,多有凹缺。

花:圆锥花序多顶生,总花梗疏被锈色短柔毛;花多,小,蝶形花冠,白色或淡紫色。

果:荚果,扁平,舌状。

分布:城市荒地或郊野公园等。

(41)绣球 *Hydrangea macrophylla*（Thunb.）Ser.(图61)

绣球花科 Hydrangeaceae,绣球属 *Hydrangea*

习性:常绿,灌木。

茎:多集生呈圆形灌丛。

枝:圆柱形,粗壮,紫灰色至淡灰色,光滑,具长形皮孔。

叶:薄革质,倒卵形或阔椭圆形,先端骤尖,具短尖头,叶缘具粗齿,小脉网状,两面明显;叶柄粗壮。

花:伞房状聚伞花序,花密集,多数不育;不育

图61 绣球 *Hydrangea macrophylla*

花萼片4,粉红色、淡蓝色或白色;孕性花极少。

果:蒴果,长陀螺状。

分布:公园、校园、居住区、街心、滨水区域等处。

(42)秤锤树 *Sinojackia xylocarpa* Hu(图62)

安息香科 Styracaceae,秤锤树属 *Sinojackia*

习性:落叶,小乔木。

茎:树皮灰黑色,皮孔小。

枝:嫩枝被星状毛,灰褐色,后变红褐色,表皮常呈纤维状脱落。

叶:纸质,倒卵形或椭圆形,顶端急尖,边缘具硬质锯齿,两面叶脉被星状短柔毛。

花:总状聚伞花序生于侧枝顶端,花梗下垂,疏被星状短柔毛;花冠白色。

果:卵形,木质,红褐色,具浅棕色的皮孔。

图62 秤锤树 *Sinojackia xylocarpa*

分布:公园等处偶见。

(43)花叶青木 *Aucuba japonica* var. *variegata* D'ombr. (图63)

山茱萸科 Cornaceae,桃叶珊瑚属 *Aucuba*

习性:常绿,灌木。

枝:青绿色,光滑。

叶:革质,长椭圆形,先端渐尖,边缘上段具疏锯齿或近于全缘,叶片有大小不等的黄色斑点。

花:圆锥花序顶生,花单性,雌雄异株。

果:核果,卵圆形,熟时暗紫色或黑色。

分布:常见于各类公共绿地。

图63 花叶青木 *Aucuba japonica* var. *variegata*

(44)梾木 *Cornus macrophylla* Wallich(图64)①

山茱萸科 Cornaceae,山茱萸属 *Cornus*

习性:落叶,乔木。

茎:树皮灰褐色或灰黑色,条状开裂。

枝:幼枝灰绿色,有棱角,被灰色贴生短柔毛,老枝圆柱形,无毛。冬芽密被黄褐色的短柔毛。

叶:对生,纸质,阔卵形或卵状长圆形,叶背沿叶脉有淡褐色平贴小柔毛,侧脉弓形

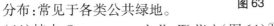

① 梾木整体树形和花部图片由李蒙摄,叶部结构由陈林摄。

内弯。

花:伞房状聚伞花序顶生;总花梗红色。花白色,有香味,花瓣4。

果:核果,球形,成熟时黑色;核骨质,两侧各有1条浅沟及6条脉纹。

分布:郊野公园等处,偶见。

(45)红瑞木 *Cornus alba* Linnaeus(图65)①

山茱萸科 Cornaceae,山茱萸属 *Cornus*

图64 梾木 *Cornus macrophylla*   图65 红瑞木 *Cornus alba*

习性:落叶,灌木。

茎:树皮紫红色。

枝:幼枝具淡白色短柔毛,后被蜡粉,老枝红白色,散生灰白色圆形皮孔;冬芽被灰褐色短柔毛。

叶:对生,纸质,椭圆形,边缘全缘或波状反卷,叶背粉绿色,具白色贴生短柔毛,侧脉弓形内弯。

花:伞房状聚伞花序顶生,较密,被白色短柔毛;花小,白色或淡黄白色,花瓣4。

果:核果长圆形,微扁,成熟时乳白色或蓝白色,花柱宿存。

分布:常见于各类公共绿地。

(46)喜树 *Camptotheca acuminata* Decne.(图66)

蓝果树科 Nyssaceae,喜树属 *Camptotheca*

习性:落叶,乔木。

茎:树皮灰白色,纵裂成浅沟状。

枝:小枝圆柱形,1年生枝紫绿色,多年生枝淡褐色或浅灰色,具稀疏皮孔;冬芽鳞片被短柔毛。

叶:互生,纸质,顶端短锐尖,全缘,侧脉在上面显著,在下面略凸起。

花:头状花序,球形。花杂性,同株,花小。

图66 喜树 *Camptotheca acuminata*

---

① 红瑞木由陈林摄。

果:翅果,矩圆形,干后呈黄褐色。

分布:公园、校园等处偶见。

(47)八角金盘 *Fatsia japonica*（Thunb.）Decne. et Planch.（图67）

五加科 Araliaceae,八角金盘属 *Fatsia*

习性:常绿,灌木。

茎:茎光滑,无刺,叶痕明显。

枝:多集中在茎顶端。

叶:叶片大,革质,掌状7~9深裂,裂片边缘有疏离粗锯齿,上表面暗亮绿色,下面色较浅。

花:圆锥花序,顶生;花小,花瓣5,黄白色。

果:浆果,近球形,熟时黑色。

分布:常见于各类公共绿地。

图67 八角金盘 *Fatsia japonica*

(48)刺楸 *Kalopanax septemlobus*（Thunb.）Koidz.（图68）①

五加科 Araliaceae,刺楸属 *Kalopanax*

习性:落叶,乔木。

茎:树皮暗灰棕色,茎干时有粗刺。

枝:小枝淡黄棕色或灰棕色,散生粗刺。

叶:纸质,在长枝上互生,在短枝上簇生,圆形,掌状5~7浅裂,叶基心形;叶柄细长,光滑。

花:圆锥花序大;花白色或淡绿黄色;花瓣5,小。

果:浆果,球形,蓝黑色。

分布:公园等处偶见。

图68 刺楸 *Kalopanax septemlobus*

(49)鹅掌柴 *Schefflera heptaphylla*（Linnaeus）Frodin（图69）

五加科 Araliaceae,鹅掌柴属 *Schefflera*

习性:常绿,灌木或乔木。

枝:小枝粗壮,干时有皱纹,幼时密生星状短柔毛。

叶:掌状复叶6~9,疏生星状短柔毛或无毛;小叶革质,全缘。

花:圆锥花序顶生;花白色,细小。

果:浆果,球形,黑色;宿存花柱粗短。

分布:室内盆栽。

(50)常春藤 *Hedera nepalensis var. sinensis*（Tobl.）Rehd.（图70）

图69 鹅掌柴 *Schefflera heptaphylla*

① 刺楸叶部由李蒙摄。

五加科 Araliaceae,常春藤属 *Hedera*

习性:常绿,攀援灌木。

茎:灰棕色或黑棕色,伴有气生根。

枝:1 年生枝具锈色鳞片。

叶:革质,三角状卵形(不育枝),边缘全缘或 3 裂;椭圆状卵形(花枝),略歪斜而带菱形;侧脉和网脉两面均明显;叶柄细长,有鳞片。

花:伞形花序单个顶生,总花梗有鳞片;花淡黄白色或淡绿白色,芳香;花瓣 5,外面有鳞片。

图 70 常春藤 *Hedera sinensis*

果:果实球形,红黄色。

分布:公园、居民区、校园等。

(51)荚蒾 *Viburnum dilatatum* Thunb.(图 71)

忍冬科 Caprifoliaceae,荚蒾属 *Viburnum*

习性:落叶,灌木。

枝:1 年小枝及芽、叶柄等密被黄绿色刚毛状粗毛及簇状短毛;2 年生小枝暗紫褐色,具凸起的垫状物。

叶:对生,纸质,宽倒卵形,顶端急尖,叶缘有牙齿状锯齿,两面被毛,侧脉直达齿尖;无托叶。

图 71 荚蒾 *Viburnum dilatatum*

花:复伞形式聚伞花序,密;花冠白色,小;萼筒狭筒状,被暗红色细腺点。

果:核果,红色,椭圆状卵圆形,小。

分布:郊野公园、城市荒地等偶见。

(52)日本珊瑚树 *Viburnum odoratissimum var. awabuki*(K. Koch)Zabel ex Rumpl.(图 72)

忍冬科 Caprifoliaceae,荚蒾属 *Viburnum*

习性:常绿,灌木或小乔木。

枝:灰色或灰褐色,具隆起小瘤状皮孔;冬芽具卵状披针形鳞片。

叶:对生,革质,倒卵状矩圆形–矩圆形,边缘具波状浅钝锯齿。

花:圆锥花序,生于幼枝顶;花冠白色,小。

图 72 日本珊瑚树 *Viburnum odoratissimum var. awabuki*

果:核果,卵圆形或卵状椭圆形,先红后变黑。

分布:街道、公园、居住区、校园及其他公共绿地。

(53)琼花 *Viburnum macrocephalum f. keteleeri*（Carr.）Rehd.（图73）

忍冬科 Caprifoliaceae,荚蒾属 *Viburnum*

习性:半常绿,灌木。

茎:树皮灰褐色或灰白色。

枝:幼枝及芽密被灰白色簇状短毛,后光滑。

叶:对生,纸质,卵形至椭圆形或卵状矩圆形,叶缘有小齿,两面被毛;叶柄有毛。

花:聚伞花序周围具大型的不孕花,花冠顶端凹缺;可孕花花冠白色,辐状,小。

果:核果,红色后变黑色,椭圆形,核扁。

分布:公园、校园、居住区等;扬州、南京等地常见。

图73　琼花 *Viburnum macrocephalum f. keteleeri*

(54)锦带花 *Weigela florida*（Bunge）A. DC.（图74）

忍冬科 Caprifoliaceae,锦带花属 *Weigela*

习性:落叶,灌木。

枝:嫩枝略四形,芽顶具鳞片,光滑。

叶:对生,矩圆形、椭圆形至倒卵状椭圆形,边缘锯齿,两面有毛。

花:单生,或成聚伞花序;花冠紫红色,外有疏生短柔毛,裂片不整齐。

果:蒴果,顶有短柄状喙。

分布:公园多见。

图74　锦带花 *Weigela florida*

(55)枫香树 *Liquidambar formosana* Hance（图75）

金缕梅科 Hamamelidaceae,枫香树属 *Liquidambar*

习性:落叶,乔木。

茎:树皮灰褐色,方块状开裂。

枝:小枝被柔毛,皮孔稍明显;芽鳞状苞片有树脂,亮黑色。

叶:薄革质,阔卵形,掌状3裂,掌状脉3~5,边缘有锯齿,齿尖有腺状突;托叶线形,早落。

图75　枫香树 *Liquidambar formosana*

花:雄性短穗状花序,雌性头状花序,花小。

果:蒴果,具宿存花柱及针刺状萼齿。

分布:公园、校园及郊野公园等处。

(56)红花檵木 *Loropetalum chinense var. rubrum* Yieh(图76)

金缕梅科 Hamamelidaceae,檵木属 *Loropetalum*

习性:半常绿,灌木或小乔木。

枝:多分枝,具星状毛。

叶:革质,卵形,全缘,叶片两面及叶柄有星状毛;托叶膜质,早落。

花:数朵簇生,紫红色;花瓣4,条带状。

图76 红花檵木 *Loropetalum chinense var. rubrum*

果:蒴果,卵圆形,被褐色星状绒毛。

分布:常见于各类公共绿地。

(57)银缕梅 *Parrotia subaequalis*（H. T. Chang）R. M. Hao & H. T. Wei(图77)

金缕梅科 Hamamelidaceae,银缕梅属 *Parrotia*

习性:落叶,小乔木。

茎:树皮灰白色,斑块状剥落。

枝:嫩枝初时有星状毛,后无毛,干时暗褐色;裸芽,小,被绒毛。

叶:薄革质,倒卵形,有星状柔毛;叶上半部有数个波状浅齿,下半部全缘;托叶早落。

花:头状花序,有花4~5朵;花瓣不明显。

果:蒴果,近圆形,先端具宿存花柱。

分布:公园、校园等处偶见。

图77 银缕梅 *Parrotia subaequalis*

(58)二球悬铃木 *Platanus acerifolia*（Aiton）Willd.（图78）

悬铃木科 Platanaceae,悬铃木属 *Platanus*

习性:落叶,大乔木。

茎:树皮光滑,斑块片块状脱落。

枝:嫩枝具密灰黄色绒毛;老枝光滑,红褐色;具柄下芽。

叶:叶阔卵形,基部截形,上部多掌状5裂,裂片全缘或有1~2个粗大锯齿;掌状脉3条;叶柄密生黄褐色毛被;托叶大。

花:花单性,雌雄同株,头状花序;常4数,花瓣矩圆形。

果:果枝有头状果序常2个;坚果,具短毛。

分布:常见于各类公共绿地;为南京地区城市景观的标志性树种之一。

(59)黄杨 *Buxus sinica*（Rehd. et Wils.）Cheng(图79)

黄杨科 Buxaceae,黄杨属 *Buxus*

图78　二球悬铃木 *Platanus acerifolia*　　**图79　黄杨 *Buxus sinica***

习性:常绿,灌木或小乔木。

茎:树皮土黄色,具纵裂。

枝:小枝四棱形。

叶:对生,革质,阔椭圆形,先端圆或钝,常凹缺,叶面光亮,叶背黄绿色,侧脉不明显。

花:头状花序,腋生,花多。

果:蒴果,球形,花柱宿存。

分布:常见于各类公共绿地。

(60)垂柳 *Salix babylonica* L.(图80)

杨柳科 Salicaceae,柳属 *Salix*

习性:落叶,乔木。

茎:树皮灰黑色,不规则开裂。

枝:下垂,细,淡褐黄色,光滑。冬芽鳞1。

叶:披针形,先端长渐尖,边缘锯齿;叶柄具短柔毛;叶背灰白色。

花:柔荑花序,直立;花药黄色。

果:蒴果,带绿黄褐色。种子基部有毛。

分布:常见于各类公共绿地,尤其是滨水区域。

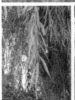

(61)毛白杨 *Populus tomentosa* Carrière(图81)

杨柳科 Salicaceae,杨属 *Populus*

习性:落叶,乔木。

图80　垂柳 *Salix babylonica*

茎:树皮幼时暗灰色,老时黑灰色,纵裂,粗糙,皮孔菱形。

枝:侧枝开展;嫩枝初被灰毡毛,后光滑。芽卵形,冬芽鳞多数。

叶:阔卵形或三角状卵形,基部心形或截形,边缘深齿牙缘或波状齿牙缘。

花:柔荑花序,下垂;花药红色。

果:蒴果,种子基部有毛。

分布:公园、街道、居住区等处。

(62)杨梅 *Myrica rubra* Siebold et Zuccarini(图82)

杨梅科 Myricaceae,杨梅属 *Myrica*

图81　毛白杨 *Populus tomentosa*

图82　杨梅 *Myrica rabra*

习性:常绿,乔木。

茎:树皮灰绿色,老时纵向浅裂。

枝:小枝光滑,皮孔不明显,嫩枝具腺体。

叶:薄革质,光滑,常集生枝顶;长椭圆状,边缘上半部具稀疏锐锯齿,中下部全缘。

花:雌雄异株;雄花序穗状,花药暗红色。雌花序细瘦。

果:核果球状,外表面具乳头状凸起,成熟时深红色。

分布:公园、街心、校园、庭院、居住区等较为常见。

(63)麻栎 *Quercus acutissima* Carr.(图83)

壳斗科 Fagaceae,栎属 *Quercus*

图83　麻栎 *Quercus acutissima*

习性:落叶,乔木。

茎:树皮深灰褐色,深纵裂。

枝:幼枝有灰黄色柔毛,后无;老时灰黄色,具浅黄色皮孔。冬芽圆锥形,被柔毛。

叶:长椭圆状披针形,顶端长渐尖,叶缘有刺芒状锯齿,叶片两面同色。

花:柔荑花序;雄花序下垂;壳斗杯形,小苞片钻形或扁条形,向外反曲。

果:坚果,卵形或椭圆形,顶端圆,果脐突起。

分布:郊野公园,市区偶见。

(64)栓皮栎 *Quercus variabilis* Blume(图84)

壳斗科 Fagaceae,栎属 *Quercus*

习性:落叶,乔木。

茎:树皮黑褐色,深纵裂,木栓层发达。

枝:小枝灰棕色,光滑;芽鳞片褐色,有缘毛。

叶:卵状披针形或长椭圆形,叶缘具刺芒状锯齿,叶背密被灰白色星状绒毛,侧脉直达齿端。

花:柔荑花序;雄花序下垂;壳斗杯形,小苞片钻形,反曲。

果:坚果,球形,顶端圆,果脐突起。

分布:郊野公园,市区偶见。

图84　栓皮栎 *Quercus variabilis*

(65)青冈 *Cyclobalanopsis glauca* (Thunberg) Oersted(图85)①

壳斗科 Fagaceae,青冈属 *Cyclobalanopsis*

习性:常绿,乔木。

茎:树皮灰绿色,光滑。

枝:小枝灰棕色,光滑;有数个凸起的白色皮孔。

叶:革质,倒卵状椭圆形或长椭圆形,叶缘中部以上有疏锯齿,侧脉直达齿尖,叶面亮绿色,叶背灰白色。

花:柔荑花序;雄花序下垂;壳斗碗形,小苞片合生成同心环带(同心环状)。

果:坚果卵形,果脐平坦或微凸起。

分布:郊野公园,市区偶见。

图85　青冈 *Cyclobalanopsis glauca*

① 青冈组图由南程慧摄。

（66）枫杨 *Pterocarya stenoptera* C. DC.（图86）

胡桃科 Juglandaceae，枫杨属 *Pterocarya*

习性：落叶，乔木。

茎：幼树树皮平滑，浅灰色，老树则深纵裂。

枝：灰褐色，具灰黄色皮孔；芽具柄，被锈褐色腺体；髓心片状分割。

叶：多为偶数羽状复叶，叶轴具翅；小叶边缘有向内弯的细锯齿。

花：雄性柔荑花序单生；雌性柔荑花序顶生，花序轴密被星芒状毛。

果：坚果，长椭圆形，果翅条形，2。

分布：公园、街心、校园、居住区、城市荒地及滨水区域常见。

图86　枫杨 *Pterocarya stenoptera*

（67）美国山核桃 *Carya illinoinensis*（Wangenheim）K. Koch（图87）

胡桃科 Juglandaceae，山核桃属 *Carya*

习性：落叶，乔木。

茎：树皮灰黑色，条片状开裂。

枝：小枝被柔毛，后光滑，灰褐色，具稀疏皮孔；芽鳞镊合状排列。

叶：奇数羽状复；小叶弯镰状，具单锯齿或重锯齿，基部歪斜。

花：雄柔荑花序3序成束；雌穗状花序具3~10雌花。

果：假核果，长圆形，具4纵棱，果皮4瓣裂。

分布：公园、校园、街道等处。

图87　美国山核桃 *Carya illinoinensis*

（68）化香树 *Platycarya strobilacea* Sieb. et Zucc.（图88）

胡桃科 Juglandaceae，化香树属 *Platycarya*

习性：落叶，乔木。

茎：树皮灰黑色，老时则不规则纵裂。

枝：嫩枝被有褐色柔毛，后光滑；2 年生枝条暗褐色，具细小皮孔。

叶：羽状复叶；小叶纸质，基部歪斜，顶端长渐尖，边缘有锯齿。

花：两性花序常单生，雌花序位于下部，雄花序位于上部；花小，不明显。

果：果序椭圆状圆柱形；果实小坚果状，背腹压扁状，两侧具狭翅。

图88　化香树 *Platycarya strobilacea*

分布:城市荒地、郊野公园等处。

(69)大叶榉树 *Zelkova schneideriana* Hand. –Mazz.（图89）①

榆科 Ulmaceae,榉属 *Zelkova*

习性:落叶,乔木。

茎:树皮灰褐色,树皮光滑,但部分有呈不规则的片状剥落。

枝:1年生枝灰绿色或褐灰色,密被灰色柔毛;冬芽2个并生。

叶:厚纸质,卵形至椭圆状披针形,基部稍偏斜,叶背密被柔毛,边缘具桃形锯齿,侧脉直达齿尖。

图89　大叶榉树 *Zelkova schneideriana*

花:小,不明显;雄花1~3朵簇生于叶腋,雌花或两性花常单生于小枝上部叶腋。

果:核果,偏斜,宿存的柱头呈喙状。

分布:公园、校园、街道、街心广场等处。

(70)榆树 *Ulmus pumila* L.（图90）②

榆科 Ulmaceae,榆属 *Ulmus*

习性:落叶,乔木。

茎:幼树树皮浅灰色,光滑;大树之皮暗灰色,不规则深纵裂,粗糙。

枝:小枝浅淡褐灰色,具散生皮孔;冬芽芽鳞内层边缘具白色长柔毛。

图90　榆树 *Ulmus pumila*

叶:椭圆状卵形等,基部偏斜或近对称,边缘具重锯齿或单锯齿,侧脉直达齿尖,叶柄常有短柔毛。

花:小,不明显;花先叶开放,呈簇生状。

果:翅果近圆形,初淡绿色,后浅黄色。

分布:公园、街道、庭院及郊野等处。

(71)榔榆 *Ulmus parvifolia* Jacq.（图91）

榆科 Ulmaceae,榆属 *Ulmus*

习性:落叶,乔木。

茎:树皮灰色或灰褐,裂成不规则斑块状剥落,露出红褐色内皮。

枝:1年生枝密被短柔毛,深褐色;冬芽卵圆形,红褐色,光滑。

叶:厚纸质,披针状卵形或窄椭圆形,叶基偏斜,侧脉直达齿尖,边缘具整齐的单锯齿,两面

图91　榔榆 *Ulmus parvifolia*

---

① 　大叶榉树叶部图片由南程慧摄。

② 　榆树组图由应耿迪摄。

粗糙。

花:秋季开放,簇生或排成簇状聚伞花序,花被片4,花小。

果:翅果,椭圆形或卵状椭圆形。

分布:公园、街道、校园及其他公共绿地。

(72)珊瑚朴 *Celtis julianae* Schneid.(图92)①

榆科 Ulmaceae,朴属 *Celtis*

习性:落叶,乔木。

茎:树皮淡灰色至深灰色,光滑,皮孔明显。

枝:1年生小枝密生褐黄色茸毛,2年生小枝光滑,皮孔不明显;冬芽褐棕色,内鳞片有红棕柔毛。

叶:厚纸质,宽卵形至尖卵状椭圆形,叶基稍不对称,叶背密生短柔毛,仅上部具浅钝齿;叶柄粗壮。

图92　珊瑚朴 *Celtis julianae*

花:花小,不明显。

果:核果,果梗粗,近球形,橙黄色。

分布:公园、城市荒地及郊野等处。

(73)朴树 *Celtis sinensis* Pers.(图93)

榆科 Ulmaceae,朴属 *Celtis*

习性:落叶,乔木。

茎:树皮灰白色,光滑。

枝:1年生小枝幼时密被黄褐色短柔毛,后光滑;2年生小枝褐色至深褐色,偶有残柔毛;冬芽棕色,鳞片无毛。

叶:厚纸质,卵形或卵状椭圆形,基部不偏斜或仅稍偏斜,叶上部具钝齿,幼叶背密生黄褐色短柔毛。

图93　朴树 *Celtis sinensis*

花:花小,不明显。

果:核果,小,球形,熟时黄色。

分布:公园、校园、公共绿地、城市荒地及郊野等处。

(74)青檀 *Pteroceltis tatarinowii* Maxim.(图94)

榆科 Ulmaceae,青檀属 *Pteroceltis*

习性:落叶,乔木。

茎:树皮灰色,不规则的长条状剥落;干形不饱满。

---

① 珊瑚朴叶部图片由李蒙摄,果实图片由陈林摄。

枝:小枝黄绿色,干时变粟褐色,具短柔毛,后无,皮孔明显。

叶:纸质,宽卵形至长卵形,先端渐尖至尾状渐尖,基部偏斜,边缘有不整齐的锯齿,基部三出脉。

花:花小,不明显。

果:坚果具翅近,圆形或近四方形,黄绿色或黄褐色。

分布:郊野等处;幕府山、燕子矶等地有天然分布。

(75)桑树 *Morus alba* L.(图95)

桑科 Moraceae,桑属 *Morus*

图94 青檀 *Pteroceltis tatarinowii*　　　图95 桑树 *Morus alba*

习性:落叶,乔木。

茎:树皮灰色,不规则浅纵裂;冬芽红褐色,芽鳞覆瓦状排列,有细毛。

枝:纤细。

叶:卵形或广卵形,先端急尖,基部圆形至浅心形,边缘锯齿粗钝,有时具裂片;托叶披针形,早落。

花:花单性;雄花序下垂,密被白色柔毛;雌花序被毛,花被片边缘被毛。

果:聚花果,卵状椭圆形,熟时红色或暗紫色。

分布:城市荒地及郊野等处。

(76)构树 *Broussonetia papyrifera*(Linnaeus)L'Heritier ex Ventenat(图96)

桑科 Moraceae,构属 *Broussonetia*

习性:落叶,乔木。

茎:树皮暗灰色,具波状条纹。

枝:密生柔毛;有乳汁。

叶:广卵形至长椭圆状卵形,基部心形,边缘具粗锯齿,不分裂或3~5裂,基生叶脉三出,叶片及叶柄密被糙毛;托叶大。

花:雌雄异株;雄花序为柔荑花序,粗壮;雌花序球形头状。

果:聚花果,成熟时橙红色,肉质。

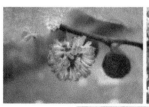

图96 构树 *Broussonetia papyrifera*

分布:城市荒地及郊野等处。

(77) 柘树 *Maclura tricuspidata* Carriere(图 97)

桑科 Moraceae,柘属 *Maclura*

习性:落叶,小乔木。

茎:树皮灰黄褐色,条状浅裂。

枝:无毛,有枝刺;冬芽赤褐色;有乳汁。

叶:卵形或菱状卵形,偶为三裂,先端渐尖,基部楔形至圆形。

花:雌雄异株,雌雄花序均为球形头状花序,单生或成对腋生。

果:聚花果,球形,肉质,成熟时橘红色。

分布:城市荒地及郊野等处。

图 97　柘树 *Maclura tricuspidata*

(78) 薜荔 *Ficus pumila* L.(图 98)

桑科 Moraceae,榕属 *Ficus*

习性:常绿,灌木。

茎:攀援或匍匐状。

枝:具环状托叶痕,有乳汁。

叶:两型,营养枝节上有不定根,叶卵状心形;生殖枝上无不定根,叶卵状椭圆形,叶背面被黄褐色柔毛,网脉甚明显,呈蜂窝状。

花:瘿花果梨形,雌花果近球形,顶部截平。

果:瘦果近球形,有黏液。

分布:城市荒地、城墙等处可见。

图 98　薜荔 *Ficus pumila*

(79) 无花果 *Ficus carica* L.(图 99)

桑科 Moraceae,榕属 *Ficus*

习性:落叶,灌木。

茎:树皮灰褐色,皮孔明显。

枝:直立,粗壮;有乳汁。

叶:互生,厚纸质,广卵圆形,通常 3~5 裂,边缘具不规则钝齿,表面粗糙,基部浅心形,基生侧脉 3~5 条。

花:雌雄异株,雄花和瘿花同生于一榕果内壁。

图 99　无花果 *Ficus carica*

果:榕果单生叶腋,大而梨形,顶部下陷,成熟时紫红色或黄色;瘦果透镜状。

分布:居住区、庭院等处。

（80）杜仲 *Eucommia ulmoides* Oliver 图100①

杜仲科 Eucommiaceae，杜仲属 *Eucommia*

习性：落叶，乔木。

茎：树皮灰褐色，粗糙；植物体内含胶丝。

枝：嫩枝有黄褐色毛，后光滑；老枝皮孔明显。芽红褐色，鳞片边缘有微毛。

叶：互生，薄革质，椭圆形、卵形或矩圆形，侧脉与网脉在上面下陷，显老皱状，边缘锯齿。

花：生于当年枝基部，雄花无花被，雌花单生。

果：翅果，扁平，长椭圆形。

分布：公园等处，少见；中国特有植物。

图100　杜仲 *Eucommia ulmoides*

（81）结香 *Edgeworthia chrysantha* Lindl.（图101）

瑞香科 Thymelaeaceae，结香属 *Edgeworthia*

习性：落叶，灌木。

枝：小枝粗壮，红褐色，常三叉分枝，幼枝有柔毛，韧性强，叶痕大。

叶：长圆形或披针形，两面均有银灰色绢毛，侧脉弧形，具柔毛。

花：头状花序，成绒球状，花序梗具灰白色长毛；花黄色，芳香，外密被白色丝状毛。

果：椭圆形，绿色，顶端被毛。

分布：各类公共绿地。

图101　结香 *Edgeworthia chrysantha*

（82）海桐 *Pittosporum tobira*（Thunb.）Ait.（图102）

海桐花科 Pittosporaceae，海桐花属 *Pittosporum*

习性：常绿，灌木。

茎：树皮灰黑色。

枝：嫩枝具褐色柔毛，皮孔明显。

叶：革质，集生枝顶，倒卵形，上面深亮绿色，先端圆形或钝，微凹。

花：伞形花序，顶生，密被黄褐色柔毛；花芳香，白色，后变黄色。

果：蒴果，圆球形，具棱或呈三角形；种子红色。

分布：各类公共绿地。

图102　海桐 *Pittosporum tobira*

---

①　杜仲组图由南程慧摄。

（83）秃瓣杜英 *Elaeocarpus glabripetalus* Merr.（图103）①

杜英科 Elaeocarpaceae，杜英属 *Elaeocarpus*

习性：常绿，乔木。

茎：树皮灰白色，光滑。

枝：嫩枝光滑，略有棱，干时红褐色；老枝圆柱形，暗褐色。

叶：纸质，倒披针形，先端尖锐，基部变窄而下延，边缘具小钝齿；叶柄光滑，干时黑色。

花：总状花序；花瓣5，白色，先端撕裂为条状。

图103　秃瓣杜英 *Elaeocarpus glabripetalus*

果：核果，椭圆形，内果皮表面有浅沟纹。

分布：公园、居住区、街道、广场、校园等处。

（84）梧桐 *Firmiana simplex*（Linnaeus）W. Wight（图104）

梧桐科 Sterculiaceae，梧桐属 *Firmiana*

习性：落叶，乔木。

茎：树皮青绿色，光滑。

枝：小枝粗壮，绿色；芽鳞被锈色毛。

叶：心形，掌状3~5裂，顶端渐尖，基部心形，基生脉7条。

花：圆锥花序，顶生，花淡黄绿色。

果：蓇葖果，膜质，具柄，成熟前开裂成叶状；种子表面具皱纹。

图104　梧桐 *Firmiana simplex*

分布：公园、居住区、庭院、校园等处。。

（85）木芙蓉 *Hibiscus mutabilis* L.（图105）

锦葵科 Malvaceae，木槿属 *Hibiscus*

习性：落叶，灌木。

枝：小枝、叶柄、花梗、花萼均密被星状毛与直柔毛。

叶：宽卵形至圆卵形或心形，常5~7裂，裂片三角形，先端渐尖，两面均具星状毛。

花：单生，小苞片密被星状毛；花大，初开时白色或浅红色，后变深红色。

果：蒴果，扁球形，被淡黄色刚毛和绵毛，果爿5；种子肾形。

图105　木芙蓉 *Hibiscus mutabilis*

---

① 树形、果实及叶部图片由应耿迪摄。

分布:公园、居住区、街心、滨水区域等处。

（86）木槿 *Hibiscus syriacus* L.（图 106）

锦葵科 Malvaceae,木槿属 *Hibiscus*

习性:落叶,灌木。

枝:小枝密布黄色星状毛。

叶:菱形至三角状卵形,3 裂或不裂,先端钝,边缘具不整齐圆齿缺;叶柄具星状柔毛;托叶线形。

花:单生,花梗、小苞片、花萼、花瓣外均具星状毛;花钟形,淡紫红色。

果:蒴果,卵圆形,密被黄色星状绒毛;种子肾形,具黄白色长柔毛。

分布:公园、居住区等处常见。

图 106　木槿 *Hibiscus syriacus*

（87）山麻杆 *Alchornea davidii* Franch.（图107）

大戟科 Euphorbiaceae,山麻杆属 *Alchornea*

习性:落叶,灌木。

茎:树皮红褐色或灰褐色。

枝:嫩枝具灰白色短绒毛,1 年生小枝微有毛。

叶:薄纸质,阔卵形或近圆形,边缘具粗锯齿或细齿(带腺体),叶基部具斑状腺体,基出脉3 条。

花:雌雄异株,雄花序穗状,雌花序总状。

果:蒴果,球形,具 3 圆棱,密生柔毛。

分布:公园等处常见。

图 107　山麻杆 *Alchornea davidii*

（88）乌桕 *Triadica sebifera*（Linnaeus）Small（图108）

大戟科 Euphorbiaceae,乌桕属 *Triadica*

习性:落叶,乔木。

茎:树皮暗灰色,有纵裂纹;植物体各部光滑,具白色乳汁。

枝:开展,具皮孔。

叶:互生,纸质,叶片菱形为主。

花:单性,雌雄同株,聚集成顶生的总状花序。

果:蒴果,梨状球形,成熟时黑色;种子外被白色、蜡质的假种皮。

图 108　乌桕 *Sapium sebiferum*

分布：公园、校园、居住区或郊野等处。

（89）重阳木 *Bischofia polycarpa*（Levl.）Airy Shaw（图109）

大戟科 Euphorbiaceae，秋枫属 *Bischofia*

习性：落叶，乔木。

茎：树皮褐色，纵裂。

枝：1年生枝绿色，皮孔明显，老枝褐色，皮孔变锈褐色；芽小；全株无毛。

叶：三出复叶，互生；小叶纸质，边缘具钝细锯齿。

花：雌雄异株，花叶开放，总状花序；花小，不明显。

果：果实浆果状，圆球形，成熟时褐红色。

图109　重阳木 *Bischofia polycarpa*

分布：公园、街道等处。

（90）山茶 *Camellia japonica* L.（图110）

山茶科 Theaceae，山茶属 *Camellia*

习性：常绿，灌木或小乔木。

茎：树皮暗灰白色，光滑。

枝：枝条黄褐色，无毛。

叶：革质，椭圆形，正面亮绿色，背面浅绿色，两面无毛，边缘具细锯齿；叶柄，无毛。

花：顶生，红色，无柄；花瓣6~7，基部连生成管状；雄蕊3轮，外轮花丝基部连生。

果：蒴果，圆球形，3爿裂开，果爿厚木质。

图110　山茶 *Camellia japonica*

分布：各类公共绿地。

（91）油茶 *Camellia oleifera* Abel.（图111）

山茶科 Theaceae，山茶属 *Camellia*

习性：常绿，灌木或小乔木。

茎：树皮浅黄褐色，光滑。

枝：嫩枝有粗毛。

叶：革质，椭圆形，基部楔形，正面亮绿色，背面浅绿色，边缘有细锯齿，中脉两侧常有油点。

花：顶生，近于无柄；花瓣白色；雄蕊花

图111　油茶 *Camellia oleifera*

丝分离,花药黄色;子房有黄长毛。

果:蒴果,球形,3 片或 2 片裂开,木质。

分布:公园、居住区等处。

(92)茶梅 *Camellia sasanqua* Thunb. (图 112)

山茶科 Theaceae,山茶属 *Camellia*

习性:常绿,灌木或小乔木。

枝:嫩枝被毛。

叶:革质,椭圆形,先端短尖,基部楔形,正面亮绿色,边缘具细锯齿,叶柄有残毛。

花:苞及萼片有柔毛;花瓣阔倒卵形,红色;雄蕊离生,子房有茸毛。

果:蒴果,球形,果片 3 裂,种子褐色。

分布:公园、校园、广场、居住区等处。

图 112　茶梅 *Camellia sasanqua*

(93)锦绣杜鹃 *Rhododendron* × *pulchrum* Sweet(图 113)

杜鹃花科 Ericaceae,杜鹃属 *Rhododendron*

习性:半常绿,灌木。

枝:浅灰褐色,具棕色糙毛。

叶:薄革质,椭圆状长圆形等,先端钝尖,基部楔形,边缘反卷,全缘;叶两面及叶柄均被毛。

花:伞形花序,顶生;花梗具淡黄褐色长柔毛;花冠玫瑰紫色,阔漏斗形,具深红色斑点。

果:蒴果,长圆状卵球形,被刚毛,花萼宿存。

分布:各类公共绿地常见。

图 113　锦绣杜鹃 *Rhododendron×pulchrum*

(94)金丝桃 *Hypericum monogynum* L. (图 114)

金丝桃科 Hypericaceae,金丝桃属 *Hypericum*

习性:半常绿,灌木。

茎:红色,丛状或通常有疏生的开张枝条,全体无毛。

枝:圆柱形,红褐色。

叶:纸质,对生,无柄或具短柄;叶片椭圆形等,先端常具细小尖突,叶背腺点明显。

花:单生或近伞房状;花瓣金黄色;雄蕊明显,5 束。

果:蒴果;种子深红褐色。

分布:各类公共绿地。

(95)石榴 *Punica granatum* L. (图 115)

图 114　金丝桃 *Hypericum monogynum*

石榴科 Punicaceae,石榴属 *Punica*

习性:落叶,小乔木。

茎:树皮灰黄色或暗灰色,不规则开裂,老树深纵裂。

枝:枝顶具尖锐长刺;幼枝具棱,老枝圆柱形。

叶:对生,纸质,矩圆状披针形,上面光亮;叶柄短。

花:花瓣大,红色、黄色或白色,花柱明显;萼筒常红色。

果:浆果,球形,淡黄褐色;种子多数,红色至乳白色,外种皮肉质。

分布:公园、校园、街心、居住区等。

图 115 石榴 *Punica granatum*

(96)龟甲冬青 *Ilex crenata var. convexa* Makino(图 116)

冬青科 Aquifoliaceae,冬青属 *Ilex*

习性:常绿,灌木。

茎:树皮灰黑色。

枝:小枝具有灰色细毛。

叶:革质,小而密,椭圆形或长倒卵形,反卷;正面亮绿色,背面淡绿色,无毛。

花:小;雄花成聚伞花序,花白色;雌花单花。

果:浆果状核果,球形,熟后黑色。

分布:各类公共绿地。

图 116 龟甲冬青 *Ilex crenata var. convexa*

(97)枸骨 *Ilex cornuta* Lindl. et Paxt.(图 117)

冬青科 Aquifoliaceae,冬青属 *Ilex*

习性:常绿,小乔木。

茎:树皮暗灰色,光滑。

枝:幼枝具纵脊及沟,2 年枝褐色,3 年生枝灰白色,无皮孔。

叶:硬革质,四角状长圆形或卵形,先端具 3 枚尖硬刺齿,中央刺齿常反曲,两侧各具 1~2 刺齿。

花:花序簇生于 2 年生枝的叶腋内;单性花,花淡黄绿色,4 数。

果:浆果状核果,球形,成熟时鲜红色。

分布:公园、校园、郊野等处。

图 117 枸骨 *Ilex cornuta*

（98）冬青 *Ilex chinensis* Sims（图118）

冬青科 Aquifoliaceae，冬青属 *Ilex*

习性：常绿，乔木。

茎：树皮灰黑色或暗灰色，光滑。

枝：1年生小枝浅灰色，具细棱；2至多年生枝上的叶痕新月形，凸起。

叶：革质，椭圆形或披针形，边缘具疏齿，正面亮绿色，背面淡绿色。

花：复聚伞花序，雌雄异株；花淡紫色或紫红色，小。

果：浆果状核果，长球形，成熟时红色。

分布：公园、居住区等。

图118 冬青 *Ilex chinensis*

（99）卫矛 *Euonymus alatus*（Thunb.）Sieb.（图119）

卫矛科 Celastraceae，卫矛属 *Euonymus*

习性：落叶，灌木。

枝：常具2~4列宽阔木栓翅。

叶：对生，卵状椭圆形等，边缘具细锯齿，两面光滑；叶柄极短。

花：聚伞花序1~3，花白绿色，4数。

果：蒴果，4深裂，假种皮橙红色。

分布：公园等处，少见。

图119 卫矛 *Euonymus alatus*

（100）冬青卫矛 *Euonymus japonicus* Thunb.（图120）

卫矛科 Celastraceae，卫矛属 *Euonymus*

习性：常绿，灌木。

枝：小枝四棱。

叶：革质，对生，有光泽，倒卵形或椭圆形，边缘具有浅细钝齿。

花：聚伞花序5~12，花白绿色，小。

果：蒴果，近球状，淡红色；假种皮橘红色。

分布：各类公共绿地，分布广泛。

图120 冬青卫矛 *Euonymus japonicus*

（101）白杜（丝棉木）*Euonymus maackii* Rupr（图121）

卫矛科 Celastraceae，卫矛属 *Euonymus*

习性：落叶，乔木。

茎：树皮灰白色，不规则条状纵裂。

枝：小枝细长，略下垂。

叶:对生,纸质,卵状椭圆形等,边缘具细锯齿;叶柄细长。

花:聚伞花序 3 至多花;花 4 数,淡白绿色或黄绿色,雄蕊花药紫红色。

果:蒴果,倒圆心状,4 浅裂,成熟后果皮粉红色;假种皮橙红色。

分布:公园、郊野等处,少见。

(102)胡颓子 *Elaeagnus pungens* Thunb.(图 122)

胡颓子科 Elaeagnaceae,胡颓子属 *Elaeagnus*

习性:常绿,灌木。

茎:树皮灰黑色,略光滑。

枝:具刺,深褐色;幼枝密被锈色鳞片,老枝黑色,有光泽。

叶:革质,椭圆形等,边缘微反卷或皱波状,叶背密被银白色和少数褐色鳞片;叶柄深褐色。

花:白色,下垂,密被鳞片。

果:椭圆形,幼时被褐色鳞片,成熟时红色。

分布:公园、校园等处,少见。

(103)葡萄 *Vitis vinifera* L.(图 123)

葡萄科 Vitaceae,葡萄属 *Vitis*

习性:落叶,藤本。

枝:有纵棱纹,几无毛;卷须 2 分枝,与叶对生,末端无吸盘;髓白色,具皮孔。

叶:卵圆形,3~5 浅裂或中裂,边缘具大锯齿,不整齐,掌状脉。

花:圆锥花序,多花,与叶对生;花瓣 5,呈帽状粘合脱落;花药黄色;花盘发达。

果:浆果,球形或椭圆形。

分布:公园、庭院等处。

(104)地锦(爬山虎)*Parthenocissus tricuspidata*(Siebold & Zucc.)Planch.(图 124)

葡萄科 Vitaceae,地锦属 *Parthenocissus*

习性:落叶,藤本。

枝:圆柱形,几无毛;卷须 5~9 分枝与叶对生,顶端膨大呈圆珠形,后扩大成吸盘。

叶:单叶,倒卵圆形,常为 3 浅裂,边缘具粗锯齿,掌状脉;幼苗或下部枝的叶常为掌状全裂

图 121　白杜 *Euonymus maackii*

图 122　胡颓子 *Elaeagnus pungens*

图 123　葡萄 *Vitis vinifera*

图 124　地锦 *Parthenocissus tricuspidata*

或呈三小叶复叶。

花：多歧聚伞花序，主轴不明显。

果：浆果，球形，熟时蓝黑色。

分布：以各公共场所的垂直绿化多见。

（105）柿 *Diospyros kaki* Thunb.（图 125）

柿树科 Ebenaceae，柿属 *Diospyros*

习性：落叶，乔木。

茎：树皮灰黑色或黄灰褐色，沟纹较密，方块状开裂。

枝：绿色至褐色，光滑，具皮孔；嫩枝初时有棱，被毛或无。冬芽小，卵形。

叶：纸质，卵状椭圆形等，老叶正面亮绿色，光滑，背面绿色，被褐毛；全缘。

花：雌雄异株或杂性同株，花黄白色；雄花成聚伞花序，雌花及两性花单生叶腋。

果：浆果，球形、扁球形等，后变黄色至橙黄色，宿存花萼木质、坚硬。

分布：公园、庭院等处。

图 125　柿 *Diospyros kaki*

（106）香橼 *Citrus medica* L.（图 126）①

芸香科 Rutaceae，柑橘属 *Citrus*

习性：常绿，小乔木。

茎：树皮灰褐色，光滑。

枝：嫩枝、芽及花蕾呈深紫红色，具枝刺。枝叶具刺激性气味。

叶：革质，椭圆形或卵状椭圆形，单叶，偶有单身复叶；叶柄短，叶缘具浅钝裂齿。

花：总状花序，两性；花瓣 5 片，花柱粗长，柱头头状。

果：柑果，椭圆形等，果皮淡黄色。

分布：公园、街道、庭院等，少见。

图 126　香橼 *Citrus medica*

① 香橼图片由陈林摄。

（107）竹叶花椒 Zanthoxylum armatum D C.（图127）

芸香科 Rutaceae，花椒属 Zanthoxylum

习性：落叶，小乔木。

枝：具枝刺，红褐色；枝、叶、果实具刺激性气味。

叶：奇数羽状复叶，叶轴、叶柄具翅，下面有时具皮刺；疏生浅齿，或近全缘，具油腺点。

花：聚伞圆锥花序，腋生，花黄绿色。

果：聚合蓇葖果，紫红色，果表具粗腺点。

分布：城市荒地、郊野等处。

图127　竹叶花椒 Zanthoxylum armatum

（108）臭椿 Ailanthus altissima （Mill.）Swingle（图128）

苦木科 Simaroubaceae，臭椿属 Ailanthus

习性：落叶，乔木。

茎：树皮灰色，粗糙，具直纹。

枝：粗壮，被黄褐色柔毛，后光滑；无顶芽，叶痕大。

叶：奇数羽状复叶；小叶，纸质，卵状披针形，基部偏斜，两侧有 1 或 2 个粗锯齿，具臭味。

花：圆锥花序；花淡绿色；萼片 5，覆瓦状排列；心皮 5，花柱粘合。

果：翅果，长椭圆形。

分布：郊野公园或城市荒地等。

图128　臭椿 Ailanthus altissima

（109）楝 Melia azedarach L.（图129）

楝科 Meliaceae，楝属 Melia

习性：落叶，乔木。

茎：树皮灰褐色，纵裂；幼时皮孔明显。

枝：小枝具叶痕。

叶：2~3 回奇数羽状复叶；小叶对生，卵形等，基部略偏斜，边缘有钝锯齿，幼时被星状毛，后光滑；具苦味。

花：圆锥花序；花芳香；花萼 5 深裂；花瓣淡紫色，雄蕊管紫色。

果：核果，球形至椭圆形，内果皮木质。

分布：城市荒地常见。

（110）复羽叶栾树 Koelreuteria bipinnata Franch.（图130）

图129　楝 Melia azedarach

无患子科 Sapindaceae,栾树属 *Koelreuteria*

习性:落叶,乔木。

茎:树皮灰白色,具不规则浅裂条纹。

枝:具小疣点,皮孔明显。

叶:二回羽状复叶;小叶 9 互生,纸质,斜卵形,边缘有内弯的小锯齿。

花:大型圆锥花序,花黄色;花瓣 4,具爪,有长柔毛;雄蕊花丝被长柔毛。

果:蒴果,椭圆形或近球形,似灯笼,具 3 棱,淡紫红色;种子黑褐色。

分布:公园、街道、居住区、广场等处。

图 130　复羽叶栾树 *Koelreuteria bipinnata*

(111)无患子 *Sapindus saponaria* Linnaeus(图 131)

无患子科 Sapindaceae,无患子属 *Sapindus*

习性:落叶,乔木。

茎:树皮灰褐色或黑褐色,不裂。

枝:嫩枝绿色,无毛。

叶:偶数羽状复叶;小叶近对生,薄纸质,长椭圆状披针形等,基部略不对称,两面无毛,全缘。

花:圆锥花序顶生,花瓣 5,具爪,花盘碟状。

果:核果,球形,橙黄色。

分布:公园、居住区、校园、广场、街道等处。

图 131　无患子 *Sapindus saponaria*

(112)盐肤木 *Rhus chinensis* Mill.(图 132)

漆树科 Anacardiaceae,盐肤木属 *Rhus*

习性:落叶,小乔木或灌木。

枝:棕褐色,具锈色柔毛,小皮孔圆形。

叶:奇数羽状复叶,叶轴具宽翅,叶轴及叶柄密被锈色柔毛;小叶边缘具粗锯齿,背面有白粉及柔毛,无柄。

花:圆锥花序,大,分枝多,密被锈色柔毛;花小。

图 132　盐肤木 *Rhus chinensis*

果:核果,球形,略压扁,具柔毛和腺毛,成熟时红色。

分布:郊野或城市荒地。

(113)黄连木 *Pistacia chinensis* Bunge(图 133)

漆树科 Anacardiaceae,黄连木属 *Pistacia*

习性:落叶,乔木。

茎:树干扭曲,树皮暗褐色,呈鳞片状剥落。

枝:幼枝灰棕色,具细小皮孔。

叶:奇数羽状复叶;小叶对生或近对生,纸质,卵状披针形等,基部偏斜,全缘,揉碎有胡萝卜味。

花:单性异株,先花后叶,圆锥花序腋生,花小。

果:核果,倒卵状球形,略压扁,成熟时紫红色。

分布:居住区、城市荒地、郊野等。

(114)三角槭 *Acer buergerianum* Miq.（图134）

槭树科 Aceraceae,槭属 *Acer*

习性:落叶,乔木。

茎:树皮褐色或深褐色,粗糙。

枝:纤细;1年生枝紫绿色,光滑;多年生枝灰褐色;冬芽小,褐色。

图133 黄连木 *Pistacia chinensis*

叶:对生,纸质,常3浅裂,全缘,上面深绿色,下面黄绿色或淡绿色,被白粉,三出脉。

花:伞房花序,花黄绿色,小,被柔毛。

果:翅果,黄褐色,翅张开成锐角。

分布:公园、居住区、校园、广场、街道、街心等处。

图134 三角槭 *Acer buergerianum*

(115)五角枫 *Acer pictum* subsp. *mono*（Maxim.）H. Ohashi（图135）[①]

槭树科 Aceraceae,槭属 *Acer*

习性:落叶,乔木。

茎:树皮粗糙,纵裂,灰白色。

枝:纤细,光滑,1年生枝绿色,多年生枝灰色或淡灰色,具圆形皮孔。

叶:对生,纸质,基部截形或微心形,常5裂;叶柄细,光滑。

花:圆锥状伞房花序,顶生,杂性、雄花与两性花同株,花小,黄绿色。

图135 五角枫 *Acer pictum* subsp. *mono*

果:翅果,熟时淡黄色;翅张开成钝角。

分布:各类公共绿地,尤其以广场、校园、居住区等多见。

(116)鸡爪槭 *Acer palmatum* Thunb.（图136）

---

① 树形图片由应耿迪摄。

槭树科 Aceraceae,槭属 *Acer*

习性:落叶,小乔木。

茎:树皮深灰色,光滑。

枝:纤细,1 年生枝浅紫绿色;多年生枝淡灰紫色或深紫色。

叶:对生,纸质,圆形,基部心形,5~9掌裂,边缘具重锯齿。

花:伞房花序,杂性,雄花与两性花同株;花紫色,小。

果:翅果,嫩时紫红色,成熟时淡棕黄色;果翅张开成钝角。

分布:各类公共绿地。

[近缘种] 红枫 *Acer palmatum* 'Atro-purpureum' 为鸡爪槭的栽培品种,在城市区域更为常见,其叶片常年红色或紫红色,枝条紫红色(图 136 下半图)。

图 136 鸡爪槭 *Acer palmatum*

(117)革叶槭(樟叶槭) *Acer coriaceifolium* Lévl. (图 137)

槭树科 Aceraceae,槭属 *Acer*

习性:常绿,乔木。

茎:树皮粗糙,深褐色或深灰色。

枝:圆柱形,1 年生嫩枝淡紫色,被黄色绒毛,多年生老枝褐色或深褐色,无毛,皮孔少。

叶:对生,革质,长圆披针形等,先端渐尖,全缘,正面绿色,背面具白粉和绒毛;叶柄淡紫色。

花:伞房状花序,有黄绿色绒毛;花杂性,雄花与两性花同株;花黄绿色,小。

图 137 革叶槭 *Acer coriaceifolium*

果:翅果,浅褐色;果翅张开成钝角。

分布:植物园,校园等处,偶见。

(118)七叶树 *Aesculus chinensis* Bunge (图 138)

七叶树科 Hippocastanaceae,七叶树属 *Aesculus*

习性:落叶,乔木。

茎:树皮深褐色或灰褐色,光滑。

枝:粗壮,黄褐色或灰褐色;冬芽大。

叶:掌状复叶,叶柄较长;小叶纸质,基

图 138 七叶树 *Aesculus chinensis*

部截形,背面叶脉具灰色绒毛,边缘有钝尖形的细锯齿。

花:圆锥状花序;花杂性,雄花与两性花同株;花瓣4,白色带黄色斑点,具爪。

果:蒴果,黄褐色,球形,表面密布斑点。

分布:公园、校园等处。

(119)野迎春(云南黄素馨)*Jasminum mesnyi* Hance(图139)

木犀科 Oleaceae,素馨属 *Jasminum*

习性:常绿,灌木。

枝:下垂,四棱形,光滑。

叶:对生,三出复叶或小枝基部具单叶;叶缘反卷,全缘,先端钝或圆,侧生小叶无柄。

花:单生叶腋;花冠黄色,漏斗状,栽培时有重瓣。

果:浆果,椭圆形。

分布:各类公共绿地,尤其是坡地、路边和滨水区域常见。

图139　野迎春 *Jasminum mesnyi*

(120)茉莉花 *Jasminum sambac*(L.)Aiton(图140)

木犀科 Oleaceae,素馨属 *Jasminum*

习性:常绿,灌木。

枝:圆柱形或略扁状,具疏柔毛。

叶:对生,单叶,纸质,椭圆形等,两端圆或钝。

花:聚伞花序,顶生;花极芳香,花冠白色。

果:浆果,球形,熟紫黑色。

分布:公园及庭院盆栽。

图140　茉莉花 *Jasminum sambac*

(121)木犀(桂花)*Osmanthus fragrans*(Thunb.)Loureiro(图141)

木犀科 Oleaceae,木犀属 *Osmanthus*

习性:常绿,乔木。

茎:树皮灰褐色,皮孔明显。

枝:小枝黄褐色,无毛。

叶:革质,椭圆形等,全缘或通常上半部具细锯齿,两面无毛。

花:聚伞花序,簇生于叶腋;花极芳香,花冠黄白色、淡黄色、黄色或橘红色等,花小。

果:核果,椭圆形,熟时紫黑色。

分布:各类公共绿地。

(122)连翘 *Forsythia suspensa*(Thunb.)Vahl(图142)

木犀科 Oleaceae,连翘属 *Forsythia*

图141　木犀 *Osmanthus fragrans*

图142　连翘 *Forsythia suspensa*

习性:落叶,灌木。

枝:棕褐色,小枝土黄色,四棱形,疏生皮孔,节间中空。

叶:对生,单叶,或3裂至三出复叶,叶片卵形等,叶缘除基部外具锐锯齿或粗锯齿,两面无毛。

花:先叶开放,花冠黄色,裂片倒卵状。

果:蒴果,卵球形等,先端喙状渐尖,具白色皮孔。

分布:各类公共绿地、街边等处。

(123) 女 贞 *Ligustrum lucidum* Ait. (图 143)①

木犀科 Oleaceae,女贞属 *Ligustrum*

习性:常绿,乔木。

茎:树皮灰褐色,光滑或老时开裂。

枝:圆柱形,黄褐色或灰色,疏生皮孔。

叶:革质,卵形等,正面亮深绿色,背面浅绿色,两面无毛。

花:圆锥花序,顶生,花冠白色,裂片反折,花小。

果:浆果状核果,肾形,熟时紫黑色,被白粉。

分布:各类公共绿地多见。

图143　女贞 *Ligustrum lucidum*

(124)小叶女贞 *Ligustrum quihoui* Carr.(图 144)

木犀科 Oleaceae,女贞属 *Ligustrum*

习性:落叶,灌木。

---

① 树形图片由应耿迪摄。

枝:浅棕色,圆柱形,密被微柔毛,后变光滑。

叶:薄革质,披针形、长圆状椭圆形、椭圆形等,先端锐尖、钝或微凹,全缘,反卷,下面常具腺点。

花:圆锥花序,顶生,花多;花冠白色,小。

果:浆果状核果,球形,熟时紫黑色。

分布:广场、街道、居住区等处多见。

(125)夹竹桃 *Nerium oleander* L.(图145)

夹竹桃科 Apocynaceae,夹竹桃属 *Nerium*

图144 小叶女贞 *Ligustrum quihoui*   图145 夹竹桃 *Nerium indicum*

习性:常绿,灌木。

枝:灰绿色,具汁液;嫩枝具棱。

叶:3片轮生,革质,窄椭圆状披针形,先端渐尖,基部楔形或下延,侧脉多,平行。

花:聚伞花序组成伞房状顶生;花冠漏斗状,裂片右旋,色多,单瓣或重瓣。

果:菁葵果,圆柱形。

分布:各类公共绿地,道路、厂矿等处。

(126)栀子 *Gardenia jasminoides* Ellis(图146)

茜草科 Rubiaceae,栀子属 *Gardenia*

习性:常绿,灌木。

枝:圆柱形,灰色,常有毛。

叶:对生或3叶轮生,革质,倒卵状长圆形等,两面无毛,正面亮绿,下面浅绿;托叶膜质。

花:芳香,单生枝顶;花冠白色,高脚碟状,冠管狭圆筒形。

果:卵形,橙红色,有翅状纵棱,萼片宿存。

图146 栀子 *Gardenia jasminoides*

分布:公园、校园、居住区等处。

(127)狭叶栀子 *Gardenia stenophylla* Merr.(图147)

茜草科 Rubiaceae,栀子属 *Gardenia*

习性:常绿,灌木,低矮。

枝:纤细。

叶:薄革质,狭披针形或线状披针形,基部常下延,两面光滑;托叶膜质,脱落。

花:单生,叶腋或顶部,芳香;花冠白色,高脚碟状。

果:长圆形,有纵棱或不明显,成熟时橙红色,具宿萼。

分布:公园、居住区等处。

图147　狭叶栀子 *Gardenia stenophylla*

(128)黄金树 *Catalpa speciosa*(Warder ex Barney) Engelmann(图148)①

紫葳科 Bignoniaceae,梓属 *Catalpa*

习性:落叶,乔木。

茎:树皮灰白色或暗灰色,幼时光滑,老时具条纹开裂。

枝:灰白色,具星散白色皮孔。

叶:卵心形,顶端长渐尖,基部截形至浅心形,上面亮绿色,光滑,下面密被短柔毛。

花:圆锥花序,顶生;花冠白色,喉部具2黄色条纹及紫色细斑点。

果:蒴果,圆柱形,黑色2瓣开裂;种子具白色丝状毛。

分布:公园等处,少见。

图148　黄金树 *Catalpa speciosa*

(129)楸 *Catalpa bungei* C. A. Mey(图149)

紫葳科 Bignoniaceae,梓属 *Catalpa*

习性:落叶,乔木。

茎:树皮灰褐色,浅纵裂。

枝:灰绿色,光滑,具星散皮孔。

叶:三角状卵形或卵状长圆形,顶端长渐尖,基部截形,阔楔形或心形,叶面深绿色,叶背无毛。

图149　楸 *Catalpa bungei*

———————————

①　黄金树图片由王晨摄。

花:伞房状总状花序,顶生;花冠淡红色,内有黄条纹及紫斑。

果:蒴果,条形。

分布:少见。

(130)凌霄 *Campsis grandiflora* (Thunb.) Schum.(图150)

紫葳科 Bignoniaceae,凌霄属 *Campsis*

习性:落叶,攀援藤本。

茎:木质,表皮剥落,暗褐色,具气生根。

枝:1年生枝绿色。

叶:对生,奇数羽状复叶;小叶卵形至卵状披针形,基部偏斜,两面无毛,具粗锯齿。

花:短的圆锥花序,顶生。花萼钟状;花冠内面红色,外面橙红。

果:蒴果,顶端钝。

分布:公园等处。

图150　凌霄 *Campsis grandiflora*

(131)粗糠树 *Ehretia dicksonii* Hance(图151)

厚壳树科 Ehretiaceae,厚壳树属 *Ehretia*

习性:落叶,乔木。

茎:树皮灰褐色,纵裂。

枝:褐色,小枝淡褐色,被柔毛。

叶:宽椭圆形等,边缘细锯齿,正面密生粗糙毛,背面密生短柔毛;叶柄有柔毛。

花:芳香,聚伞花序,顶生;花冠筒状钟形,白色至淡黄色。

果:核果,球形,黄色。

分布:街道、公园等处,少见。

(132)南天竹 *Nandina domestica* Thunb.(图152)

小檗科 Berberidaceae,南天竹属 *Nandina*

图151　粗糠树 *Ehretia dicksonii*

图152　南天竹 *Nandina domestica*

习性：常绿，灌木。

茎：丛生状。

枝：光滑无毛，幼枝呈红色，老时灰色。

叶：互生，集生于茎的上部，三回羽状复叶，小叶全缘，叶柄基部呈鞘状抱茎。

花：圆锥花序，直立；花小，白色，具芳香。

果：浆果，球形，熟时红色。

分布：公园、街心、居住区等多数公共绿地。

（133）紫叶小檗 *Berberis thunbergii* 'Atropurpurea'（图153）①

小檗科 Berberidaceae，小檗属 *Berberis*

习性：落叶，灌木。

枝：幼枝浅红绿色，老枝深红色，光滑，具棱。

叶：菱状卵形，先端钝，全缘，背面灰白色，具细乳突，两面光滑。

花：具短总梗的伞形花序，花被黄色，花小。

果：浆果，红色，椭圆形。

分布：公园、校园、街道等。

图153　紫叶小檗 *Berberis thunbergii* ´Atropurpurea´

（134）十大功劳 *Mahonia fortunei* (Lindl.) Fedde（图154）

小檗科 Berberidaceae，十大功劳属 *Mahonia*

习性：常绿，灌木。

茎：直立。

枝：分枝不明显；顶芽具尖锐芽鳞。

叶：奇数羽状复叶，小叶对生，倒卵形至倒卵状披针形，边缘具刺齿，常无柄。

花：总状花序，花黄色，花小。

果：浆果，球形，紫黑色，具白粉。

分布：各类公共绿地。

（135）阔叶十大功劳 *Mahonia bealei* (Fort.) Carr.（图155）

小檗科 Berberidaceae，十大功劳属 *Mahonia*

习性：常绿，多灌木。

茎：直立。

图154　十大功劳 *Mahonia fortunei*

---

① 紫叶小檗图片由陈林摄。

枝：分枝不明显。

叶：奇数羽状复叶，小卵形至长圆形，较宽，背面有白霜，边缘具硬尖的粗锯齿。

花：总状花序，直立，花黄色，花小。

果：浆果，卵形，深蓝色，具白粉。

分布：各类公共绿地。

（136）紫薇 *Lagerstroemia indica* L.（图156）

千屈菜科 Lythraceae，千屈菜属 *Lythrum*

习性：落叶，灌木或小乔木。

茎：树皮薄，光滑，灰色或灰褐色，常呈斑块状。

枝：纤细，具4棱，多扭曲。

叶：纸质，互生或有时对生，椭圆形等，顶端短尖或钝形，有时微凹，两面无毛，近无柄。

花：淡红色或紫色、白色，花瓣6，皱缩，具爪，雄蕊多数。

果：蒴果，椭圆状球形或阔椭圆形，熟时紫黑色，室背开裂。

分布：各类公共绿地，以公园、居住区、校园等地多见。

（137）毛泡桐 *Paulownia tomentosa*（Thunb.）Steud.（图157）

玄参科 Scrophulariaceae，泡桐属 *Paulownia*

习性：落叶，乔木。

茎：树皮褐灰色，幼时平滑，老时纵裂。

枝：明显皮孔，嫩时具黏质短腺毛。

叶：心形，全缘或波状浅裂，两面有毛，或具黏质腺毛；叶柄具黏短腺毛。

花：圆锥花序；花冠白色或浅紫色，漏斗状钟状，外面有腺毛。

果：蒴果，卵圆形，幼时密生黏质腺毛，花萼宿存。

分布：城市荒地、郊野等常见。

（138）棕榈 *Trachycarpus fortunei*（Hook.）H. Wendl.（图158）

棕榈科 Palmae，棕榈属 *Trachycarpus*

习性：常绿，乔木状。

茎：树干通直，圆柱形，常存老叶柄及网状纤维叶鞘。

枝：不分枝。

图155　阔叶十大功劳 *Mahonia bealei*

图156　紫薇 *Lagerstroemia indica*

图157　毛泡桐 *Paulownia tomentosa*

叶:圆扇形,深裂成具皱褶的线状剑形,裂片硬挺;叶柄具细圆齿。

花:肉穗花序腋生,粗壮,多分枝,下垂;花黄绿色,小。

果:核果,阔肾形,熟时由黄色变淡蓝色,具白粉,柱头宿存。

分布:各类公共绿地。

(139)布迪椰子 *Butia capitata*（Mart.）Becc.（图159）

棕榈科 Palmae,果冻椰子属 *Butia*

图158　棕榈 *Trachycarpus fortunei*　　　图159　布迪椰子 *Butia capitata*

习性:常绿,乔木状。

茎:树干通直,圆柱形,老叶基残存包裹于树干。

枝:不分枝。

叶:羽状叶,弯曲弓状,厚革质,叶端尖锐,小叶灰绿色,叶柄具刺。

花:雌雄同株,花序腋生,花序梗及花瓣为紫红色。

果:卵球形,熟时橙红色。

分布:居住区、广场等处可见。

(140)孝顺竹 *Bambusa multiplex*（Lour.）Raeuschel ex J. A. et J. H. Schult.（图160)①

禾本科 Gramineae,簕竹属 *Bambusa*

习性:常绿,丛生状。

茎:分枝节位低,竹壁厚,幼时节间有小刺毛,被白粉;每节常1分枝。

叶:箨鞘厚纸质,无毛,箨耳缺,箨叶基部沿箨鞘两肩下延;每小枝具叶 5~10。

分布:公园、校园等处。

(141)金镶玉竹 *Phyllostachys aureosulcata* 'Spectabilis' C. D. Chu. Et C. S. Chao(图161)

禾本科 Gramineae,刚竹属 *Phyllostachys*

图160　孝顺竹 *Bambusa multiplex*

———————

① 孝顺竹图片由应耿迪摄。

图 161　金镶玉竹 *Phyllostachys aureosulcata ´Spectabilis´*

习性:常绿,乔木状。

茎:竿金黄色,沟槽为绿色;每节常 2 分枝。

叶:箨鞘常具淡黄色纵条纹,散生褐色小斑点或无斑点,被薄白粉;叶片长,基部收缩成极短细柄。

分布:少见。

(142)紫竹 *Phyllostachys nigra* (Lodd.) Munro(图 162)

禾本科 Gramineae,刚竹属 *Phyllostachys*

习性:常绿,乔木状。

茎:成年竿紫黑色;竿环与箨环均隆起。

叶:箨鞘背面红褐或更带绿色,箨耳紫黑色,箨舌拱形至尖拱形,紫色,箨片三角形;叶片质薄。

图 162　紫竹 *Phyllostachys nigra*

分布:公园、广场、居住区、校园等处。

(143)阔叶箬竹 *Indocalamus latifolius*(Keng)McClure(图 163)

禾本科 Gramineae,箬竹属 *Indocalamus*

习性:常绿,灌木状。

茎:竿环略高,箨环平。

叶:叶鞘质厚,坚硬,叶舌截形,叶片长圆状披针形,先端渐尖。

分布:公园、郊野等处。

(144)凤尾丝兰 *Yucca gloriosa* L.(图 164)

百合科 Liliaceae,丝兰属 *Yucca*

图 163　阔叶箬竹 *Indocalamus latifolius*　　　图 164　凤尾丝兰 *Yucca gloriosa*

习性:常绿,灌木。

茎:短。

枝:单分枝。

叶:似莲座状簇生,剑形,粉绿色,坚硬刺尖,边缘全缘或老时具白色丝状纤维。

花:圆锥花序,顶生;花,下垂,乳白色,花被片 6。

果:浆果,卵状长圆形。

分布:公园、居住区等地。

参考文献

[1] AHMED S M, KNIBBS L D, MOSS K M, et al. Residential greenspace and early childhood development and academic performance: A longitudinal analysis of Australian children aged 4-12 years[J]. Science of The Total Environment, 2022, 833: 155214.

[2] ALGERT S J, BAAMEUR A, RENVALL M J. Vegetable output and cost savings of community gardens in San Jose, California [J]. Journal of the Academy of Nutrition & Dietetics, 2014, 114(7): 1072-1076.

[3] ARONSON M F J, LA SORTE F A, NILON C H, et al. A global analysis of the impacts of urbanization on bird and plant diversity reveals key anthropogenic drivers[J]. P Roy Soc B-Biol Sci, 2014, 281(1780): 20133330.

[4] ASGARZADEH M, VAHDATI K, LOTFI M, et al. Plant selection method for urban landscapes of semi-arid cities (a case study of Tehran) [J]. Urban Forestry & Urban Greening, 2014, 13(3): 450-458.

[5] ASTELL-BURT T, FENG X. Urban green space, tree canopy, and prevention of heart disease, hypertension, and diabetes: A longitudinalstudy[J]. The Lancet Planetary Health, 2019, 3: S16.

[6] BERA B, BHATTACHARJEE S, SHIT P K, et al. Significant impacts of COVID-19 lockdown on urban air pollution in Kolkata (India) and amelioration of environmental health[J]. Environment, development and sustainability, 2021, 23(5): 6913-6940.

[7] BERLAND A, SHIFLETT S A, SHUSTER W D, et al. The role of trees in urban stormwatermanagement[J]. Landscape and urban planning, 2017, 162: 167-177.

[8] BLICHARSKA M, MIKUSINSKI G. Incorporating social and cultural significance of large old trees in conservation policy [J]. Conservation Biology, 2014, 28(6): 1558-1567.

[9] BOGAR S, BEYER K M. Green space, violence, and crime: A systematic review [J]. Trauma, Violence, & Abuse, 2016, 17(2): 160-171.

[10] BREUSTE J. What Are the Special Features of the Urban Habitat and How Do We Deal with Urban Nature? [M]//Urban Ecosystems. Springer, Berlin, Heidelberg, 2021: 107-164.

[11] BUONINCONTRI M P, SARACINO A, DI PASQUALE G. The transition of chestnut (Castanea sativa Miller) from timber to fruit tree: Cultural and economic inferences in the Italian peninsula[J]. The Holocene, 2015, 25(7): 1111-1123.

[12] CHAU N L, JIM C Y, ZHANG H. Species-specific holistic assessment of tree structure

and defects in urban Hong Kong [J]. Urban Forestry & Urban Greening, 2020, 55:126813.

[13] CHEN L, LIU C, ZHANG L, et al. Variation in tree species ability to capture and retain airborne fine particulate matter (PM2.5) [J]. Scientific Reports, 2017, 7(1):1-11.

[14] CHEN M, YANG J, HU L, et al. Urban healthcare big data system based on crowdsourced and cloud-based air quality indicators [J]. IEEE Communications Magazine, 2018, 56 (11):14-20.

[15] COMBES A, FRANCHINEAU G. Fine particle environmental pollution and cardiovascu-lardiseases [J]. Metabolism, 2019, 100:153944.

[16] CURIEL - ESPARZA J, GONZALEZ - UTRILLAS N, CANTO - PERELLO J, et al. Integrating climate change criteria in reforestation projects using a hybrid decision - support system [J]. Environmental Research Letters, 2015, 10(9):094022.

[17] DADEA C, RUSSO A, TAGLIAVINI M, et al. Tree species as tools for biomonitoring and phytoremediation in urban environments: A review with special regard to heavymetals [J]. Arboriculture & Urban Forestry, 2017, 43(4):155-167.

[18] DIPEOLU A A, IBEM E O, FADAMIRO J A. Determinants of residents' preferences for Urban Green infrastructure in Nigeria: Evidence from LagosMetropolis [J]. Urban Forestry & Urban Greening, 2021, 57:126931.

[19] DONOVAN G H, LANDRY S, WINTER C. Urban trees, house price, and redevelopment pressure in Tampa, Florida [J]. Urban forestry & urban greening, 2019, 38:330-336.

[20] DONOVAN G H. Including public - health benefits of trees in urban - forestry decisionmaking [J]. Urban forestry & urban greening, 2017, 22:120-123.

[21] GWEDLA N, SHACKLETON C M. Perceptions and preferences for urban trees across multiple socio-economiccontexts in the Eastern Cape, South Africa [J]. Landscape and Urban Planning, 2019, 189:225-234.

[22] HAMMER Ø. PAleontological STatistics Version 4.08 Reference manual [M]. Oslo: Natural History Museum University of Oslo, 2021.

[23] HASSAN G S. Within versus between-lake variability of sedimentary diatoms: the role of sampling effort in capturing assemblage composition in environmentally heterogeneous shallow lakes [J]. Journal of Paleolimnology, 2018, 60(4):525-541.

[24] HAUER R J, HANOU I S, SIVYER D. Planning for active management of future invasive pests affecting urban forests: the ecological and economic effects of varying Dutch elm disease management practices for street trees in Milwaukee, WIUSA [J]. Urban Ecosystems, 2020, 23(5):1005-1022.

[25] HEAVISIDE C, MACINTYRE H, VARDOULAKIS S. The urban heat island: implications for health in a changingenvironment [J]. Current environmental health reports, 2017, 4 (3):296-305.

[26] HILBERT D R, ROMAN L A, KOESER A K, et al. Urban tree mortality: a literature

review〔J〕. Arboriculture & Urban Forestry,2019,45（5）:167-200.

［27］HOU X,LIU S,CHENG F,et al. Vegetation community composition along disturbance gradients of four typical open-pit mines in Yunnan Province of southwest China〔J〕. Land Degradation & Development,2019,30（4）:437-447.

［28］HUANG L,TIAN L,ZHOU L,et al. Local cultural beliefs and practices promote conservation of large old trees in an ethnic minority region in southwestern China〔J〕. Urban Forestry & Urban Greening,2020,49:126584.

［29］HURLEY P T,EMERY M R. Locating provisioning ecosystem services in urban forests: Forageable woody species in New York City,USA〔J〕. Landscape and Urban Planning, 2018,170:266-275.

［30］Khare V R,Vajpai A,Gupta D. A big picture of urban heat island mitigation strategies and recommendation forIndia〔J〕. Urban Climate,2021,37:100845.

［31］KUO M,BROWNING M H E M,Penner M L. Do lessons in nature boost subsequent classroom engagement? Refueling students inflight〔J〕. Frontiers in psychology,2018, 8:2253.

［32］KWON O H,HONG I,YANG J,et al. Urban green space and happiness in developedcountries〔J〕. EPJ data science,2021,10（1）:28.

［33］LAI P Y,JIM C Y,DA TANG G,et al. Spatial differentiation of heritage trees in therapidly-urbanizing city of Shenzhen,China〔J〕. Landscape and urban planning,2019, 181:148-156.

［34］LARSON L R,JENNINGS V,CLOUTIER S A. Public parks and wellbeing in urban areas of the United States〔J〕. PLoS one,2016,11（4）:e0153211.

［35］LATINOPOULOS D,MALLIOS Z,LATINOPOULOS P. Valuing the benefits of an urban park project:A contingent valuation study in Thessaloniki,Greece〔J〕. Land Use Policy, 2016,55:130-141.

［36］LEE L S H,ZHANG H,JIM C Y. Serviceable tree volume:An alternative tool to assess e-cosystem services provided by ornamental trees in urban forests〔J〕. Urban Forestry & Urban Greening,2021,59:127003.

［37］LOCKE D H,HALL B,GROVE J M,et al. Residential housing segregation and urban tree canopy in 37 USCities〔J〕. npj urban sustainability,2021,1（1）:1-9.

［38］MA B,HAUER R J,ÖSTBERG J,et al. A global basis of urban tree inventories:What comes first the inventory or theprogram〔J〕. Urban Forestry & Urban Greening,2021, 60:127087.

［39］MA B,HAUER R J,WEI H,et al. An assessment of street tree diversity:findings and im-plications in the UnitedStates〔J〕. Urban Forestry & Urban Greening,2020,56:126826.

［40］MORGENROTH J,ÖSTBERG J,VAN DEN BOSCH C K,et al. Urban tree diversity—Taking stock and lookingahead〔J〕. Urban forestry & urban greening,2016,15:1-5.

［41］MÜLLER A,ÖSTERLUND H,MARSALEK J,et al. The pollution conveyed by urban runoff: A review ofsources[J]. Science of the Total Environment, 2020, 709:136125.

[42]NOWAK D J, GREENFIELD E J. US urban forest statistics, values, andprojections[J]. Journal of Forestry, 2018, 116(2):164-177.

[43] NOWAK D J, HOEHN R E, BODINE A R, et al. Urban forest structure, ecosystem services and change in Syracuse, NY[J]. Urban Ecosystems, 2016, 19(4):1455-1477.

[44]ORDÓÑEZ-BARONA C. How different ethno-cultural groups value urban forests and its implications for managing urban nature in a multicultural landscape: A systematic review of theliterature[J]. Urban Forestry & Urban Greening, 2017, 26:65-77.

[45]OSSOLA A, HOEPPNER M J, BURLEY H M, et al. The Global Urban Tree Inventory: A database of the diverse tree flora that inhabits the world'scities[J]. Global Ecology and Biogeography, 2020, 29(11):1907-1914.

[46] OSSOLA A, HOPTON M E. Measuring urban tree loss dynamics across residential landscapes [J]. Science of the Total Environment, 2018, 612:940-949.

[47] PAAVOLA J. Health impacts of climate change and health and social inequalities in theUK[J]. Environmental Health, 2017, 16(1):61-68.

[48]PATAKI D E, ALBERTI M, CADENASSO M L, et al. The benefits and limits of urban tree planting for environmental and humanhealth [J]. Frontiers in Ecology and Evolution, 2021, 9:603757.

[49]PLIENINGER T, MUñOZ-ROJAS J, BUCK L E, et al. Agroforestry for sustainable land-scapemanagement[J]. Sustainability Science, 2020, 15(5):1255-1266.

[50] ROMANOVA O, LOVELL S. Food safety considerations of urban agroforestry systems grown in contaminatedenvironments[J]. Urban Agriculture & Regional Food Systems, 2021, 6(1):e20008.

[51]RUDRAWAR S S, KOLHE P R, DARAK M M S. Assessment of the Sustainability of Tree Plantation in UrbanAreas[J]. RGate's International Journal of Multidisciplinary Research, 2022, 1(1):20-22.

[52]SIVARAJAH S, SMITH S M, THOMAS S C. Tree cover and species composition effects on academic performance of primary school students [J]. PLoS One, 2018, 13 (2):e0193254.

[53]SZULECKA J, ZALAZAR E M. Forest plantations in Paraguay: Historical developments and a critical diagnosis in a SWOT-AHP framework [J]. Land Use Policy, 2017, 60: 384-394.

[54]TALLIS H, BRATMAN G N, SAMHOURI J F, et al. Are California elementary school test scores more strongly associated with urban trees than poverty? [J]. Frontiers in psychology, 2018, 9:2074.

[55] TAN P Y, WANG J, SIA A. Perspectives on five decades of the urban greening ofSingapore[J]. Cities, 2013, 32:24-32.

[56]TAN Z, LAU K K L, NG E. Urban tree design approaches for mitigating daytime urban

heat island effects in a high-density urbanenvironment[J]. Energy and Buildings,2016, 114:265-274.

[57]THUKRAL A K. A review on measurement of Alpha diversity in biology [J]. Agric. Res. J,2017,54(1):1-10.

[58]TSUYUZAKI S. Vegetation changes from 1984 to 2008 on Mount Usu,northern Japan, after the 1977 – 1978 eruptions [J]. Ecological Research,2019,34(6):813-820.

[59]TURNER-SKOFF J B,CAVENDER N. The benefits of trees for livable and sustainable-communities[J]. Plants,People,Planet,2019,1(4):323-335.

[60]URETA J U, EVANGELISTA K P A, HABITO C M D, et al. Exploring Gender Preferences in Farming System and Tree Species Selection:Perspectives of Smallholder Farmers in Southern Philippines [J]. Journal of Environmental Science & Management, 2016(1):56-73.

[61]WANG C,WANG Z H,YANG J. Cooling effect of urban trees on the built environment of contiguous UnitedStates[J]. Earth's Future,2018,6(8):1066-1081.

[62]WOLF K L, LAM S T, MCKEEN J K, et al. Urban trees and human health:A scopingreview[J]. International journal of environmental research and public health, 2020,17(12):4371.

[63]WOOD E M,ESAIAN S. The importance of street trees to urban avifauna [J]. Ecological Applications,2020,30(7):e02149.

[64]XIE C,JIM C Y,YI X,et al. Spatio-Temporal Patterns of Tree Diversity and Distribution in Urban Resettlement Areas for Displaced Farmers[J]. Forests,2021,12(6):766.

[65]XIE C, LI M, JIM C Y, et al. Environmental factors driving the spatial distribution pattern of venerable trees in Sichuan Province, China [J]. Plants, 2022, 11 (24): 3581.

[66]XIE C,YU X,LIU D,et al. Modelling suitable habitat and ecological characteristics of old trees using DIVA-GIS in Anhui Province, China [J]. Polish Journal of Environmental Studies,2020,29(2):1931-1943.

[67]XIE C. Tree diversity in urban parks of Dublin, Ireland [J]. Fresenius Environmental Bulletin,2018,27(12A):8695-8708.

[68]YANG B Y,MARKEVYCH I,BLOOM M S,et al. Community greenness,blood pressure, and hypertension in urban dwellers:The 33 Communities Chinese Health Study[J]. Environment international,2019,126:727-734.

[69]ZABRET K,ŠRAJ M. Rainfall interception by urban trees and their impact on potential surfacerunoff[J]. CLEAN – Soil,Air,Water,2019,47(8):1800327.

[70]ZHANG J, YANG Z, CHEN Z, et al. Optimizing Urban Forest Landscape for Better Perceptions of Positive Emotions[J]. Forests,2021,12(12):1691.

[71]ZHAO W, ZOU Y. Un-gating the gated community:The spatial restructuring of a resettlement neighborhood in Nanjing [J]. Cities,2017,62:78-87.

[72]蔡京勇,汪洋,阮维桢,等.九宫山红椿种群数量动态及预测[J].湖北农业科学,2017,56(10):1873-1877,1887.

[73]曾双贝,张利,朱勇.昆明市新建居住区园林植物群落多样性分析及评价[J].安徽农业科学,2008,36(27):11719-11720.

[74]陈翠玉,杨善云,严莉,等.基于AHP的柳州市居住区植物景观评价体系构建[J].中南林业科技大学学报,2014,34(6):134-140.

[75]陈和明,江南,朱根发,等.层次分析法在大花蕙兰品种选择上的应用[J].亚热带植物科学,2009,38(2):30-32.

[76]陈家龙,吴泽民,朱锋,等.合肥市城市公园木本植物群落树种组成及种间联结性研究[J].安徽农业大学学报,2009,36(3):403-407.

[77]陈玉凯,杨小波,李东海,等.海南霸王岭海南油杉群落优势种群的种间联结性研究[J].植物科学学报,2011,29(3):278-287.

[78]褚盼盼,王晓晶,呼凤兰.灰色系统理论及其在南瓜产量相关性状方面的研究进展[J].蔬菜,2013(7):22-24.

[79]邓建明,汤祥明,邵克强,等.非度量多维标度在亲水河浮游植物群落分析中的应用[J].生态与农村环境学报,2016,32(1):150-156.

[80]邓莉萍,白雪娇,李露露,等.辽东山区次生林优势木本植物种间联结与相关分析[J].生态学杂志,2015,34(6):1473-1479.

[81]丁彦芬,张佳平.连云港云台山野生木本观赏植物资源及保护研究[J].中国野生植物资源,2013,32(4):50-55.

[82]董雪,赵英铭,黄雅茹,等.乌兰布和沙漠引种抗虫杨树品种中龄期生长适应性评价[J].中国农业科技导报,2018,20(7):123-129.

[83]杜乐山,杨洪晓,郭晓蕾,等.黄连木群落种间联结指数-等级格局模型研究[J].北京林业大学学报,2013,35(5):37-45.

[84]段后浪,赵安,姚忠.排序法在植物群落与环境关系研究中的应用述评[J].热带亚热带植物学报,2017,25(2):202-208.

[85]樊保国,李月梅,李登科.冬枣引种栽培区气候适宜性的灰色综合评估[J].中国农学通报,2011,27(8):208-211.

[86]范元,黄启堂.福州市居住区景观树木多样性分析[J].亚热带植物科学,2016,45(1):71-76.

[87]方精云,王襄平,沈泽昊,等.植物群落清查的主要内容、方法和技术规范[J].生物多样性,2009,17(6):533-548.

[88]方彦,谢春平,伊贤贵,等.野生早樱群落主要乔木种群种间联结性研究[J].林业资源管理,2008(6):50-54.

[89]冯刚,张金龙,裴男才,等.系统发育β多样性指数的比较:以古田山样地为例[J].科学通报,2011,56(34):2857-2864,2929-2930.

[90]冯海萍,王春良,谢华,等.应用灰色关联法探讨玛咖在宁夏地区适宜的引种区域[J].宁夏农林科技,2015,56(10):58-61.

[91] 符利勇,孙华,张会儒,等.不同郁闭度下胸高直径对杉木冠幅特征因子的影响[J].生态学报,2013,33(8):2434-2443.

[92] 高浩杰,王国明,高平仕.浙江沿海地区舟山新木姜子群落及种群结构特征分析[J].植物资源与环境学报,2016,25(1):94-101.

[93] 高凯,符禾.村镇型拆迁安置小区园林绿地规划设计策略:以山东省临朐县为例[J].现代城市研究,2015(12):82-86.

[94] 郭金玉,张忠彬,孙庆云.层次分析法的研究与应用[J].中国安全科学学报,2008,18(5):148-153.

[95] 何先平,胡丹,刘建.对应分析法在武汉市大气污染评价中的应用[J].长江大学学报(自科版),2015,12(1):20-23,36,4.

[96] 贺立静,张璐,苏志尧.南岭国家级自然保护区不同保护条件下优势种群的种间联结性分析[J].华南农业大学学报,2011,32(1):73-77.

[97] 洪伟,王新功,吴承祯,等.濒危植物南方红豆杉种群生命表及谱分析[J].应用生态学报,2004,15(6):1109-1112.

[98] 侯冰飞,贾宝全,冷平生,等.北京市城乡交错区绿地和植物种类的构成与分布[J].生态学报,2016,36(19):6256-6265.

[99] 黄冰,David A T Harper,φyvind Hammer.定量古生物学软件 PAST 及其常用功能[J].古生物学报,2013,52(2):161-181.

[100] 黄少雄,卢明明,陈捷,等.层次分析法在粤北高速公路沿线绿化树种选择中的运用[J].亚热带植物科学,2016,45(2):177-182.

[101] 江爱良.论我国热带亚热带气候带的划分[J].地理学报,1960,26(2):104-109.

[102] 江国华,褚群杰,张智勇,等.宣城市城区公园绿地植物群落结构的研究[J].安徽农业大学学报,2018,45(1):90-95.

[103] 江南,徐卫华,赵娟娟,等.城市植物地面抽样调查方法综述[J].云南大学学报(自然科学版),2021,43(3):587-597.

[104] 蒋雪丽,王小德,崔青云,等.杭州城市公园绿地植物多样性研究[J].浙江农林大学学报,2011,28(3):416-421.

[105] 孔秋凉.安置房与商品房"同质化"的实践:江阴市普惠苑九期拆迁安置小区简介[J].城市建筑,2013(16):292-292.

[106] 赖江山.生态学多元数据排序分析软件 Canoco5 介绍[J].生物多样性,2013,21(6):765-768.

[107] 兰国玉,谢贵水,王纪坤.西双版纳龙脑香热带雨林乔木种:多度分布研究[J].热带作物学报,2011,32(3):514-517.

[108] 郎金顶,刘艳红,孟凡国.北京市居住区绿地植物组成及其物种多样性研究[J].林业调查规划,2007,32(4):17-21.

[109] 雷金睿,宋希强,陈宗铸.海口城市公园植物群落多样性研究[J].西南林业大学学报,2017,37(1):88-93.

[110] 雷兴刚,邓君明,麦康森.灰色关联度分析法评价蛋白质营养价值的可行性探

讨[J].云南农业大学学报（自然科学版）,2010,25(4):545-550.

[111]雷一东,金宝玲.同质化背景下城市植物多样性的保护[J].城市问题,2011(8):28-32.

[112]黎磊,夏玉芳,王珲.构树生长特性研究[J].贵州科学,2010,28(1):62-66.

[113]黎燕琼,郑绍伟,陈俊华,等.成都市中心城区城市森林树木的数量结构特征[J].森林与环境学报,2018,38(1):71-75.

[114]李冬林,金雅琴,向其柏.南京地区浙江楠苗期冻害调查研究[J].江苏林业科技,2005,32(4):11-14.

[115]李冬林,金雅琴,向其柏.浙江楠苗期生长节律[J].浙江林学院学报,2004,21(3):349-352.

[116]李冬林,金雅琴,向其柏.珍稀树种浙江楠的栽培利用研究[J].江苏林业科技,2004,31(1):23-25.

[117]李娟,苏宝玲,张茜,等.沈阳市公园绿地植物群落物种多样性分析[J].沈阳大学学报(自然科学版),2015,27(2):130-134.

[118]李娟,温远光,王成,等.南宁市城区森林灌木层优势种种间联结分析[J].林业科学研究,2009,22(2):230-236.

[119]李录林,吕寻,胡勐鸿,等.甘肃小陇山林区5种引进树种生态适应性评价[J].中南林业科技大学学报,2017,37(8):29-33.

[120]李睿怡,许大为.大连市居住区绿地植物现状调查与分析[J].北方园艺,2014(17):86-88.

[121]李帅锋,刘万德,苏建荣,等.滇西北金沙江流域云南红豆杉群落种内与种间竞争[J].生态学杂志,2013,32(1):33-38.

[122]李艳丽,杨华,亢新刚,等.长白山云冷杉种群结构和动态分析[J].北京林业大学学报,2014,36(3):18-25.

[123]李周园,刘艳红,戴腾飞,等.应用层次分析法建立北京市引种乔木评价体系[J].北京林业大学学报,2010,32(S1):100-104.

[124]李竹英,姜跃丽,王蓉,等.玉溪城市绿地园林树木多样性调查研究[J].中国农学通报,2010,26(16):229-233.

[125]连勇机.秃杉引种效果分析[J].福建林业科技,2013,40(3):93-96.

[126]林锐,李叶芳,姜蕾,等.云南农业大学校园植物景观评价[J].云南农业大学学报(自然科学版),2017,32(1):184-190.

[127]刘秉儒.生态数据分析与建模[M].银川:宁夏人民教育出版社,2019.

[128]刘博,卜楠龙,尹耀南,等.包头市东河区城市绿化现状评价[J].中央民族大学学报(自然科学版),2016,25(2):43-52.

[129]刘大伟,王宇健,谢春平,等.安徽省一级古树的资源特征及影响因子分析[J].植物资源与环境学报,2020,29(1):59-68.

[130]刘方炎,李昆,廖声熙,等.濒危植物翠柏的个体生长动态与种群结构与种内竞争[J].林业科学,2010,46(10):23-28.

[131]刘梦婷,魏新增,江明喜.濒危植物黄梅秤锤树野生与迁地保护种群的果实性状比较[J].植物科学学报,2018,36(3):354-361.

[132]刘然,王春晶,何健,等.气候变化背景下中国冷杉属植物地理分布模拟分析[J].植物研究,2018,38(1):37-46.

[133]刘燕新,方文,马立辉,等.重庆城市森林乡土树种资源调查与评价[J].重庆师范大学学报(自然科学版),2013,30(6):63-68.

[134]刘照德,林海明.对应分析法的改进与应用[J].数理统计与管理,2018,37(2):243-254.

[135]陆培志.层次分析法在城市生态环境评价中的运用[J].中国资源综合利用,2018,36(4):114-116.

[136]罗心怡,郭雪艳,高志文,等.上海城市森林区系组成及不同植被类型物种多样性差异[J].园林,2021,38(10):19-26.

[137]马婷婷,于小雯,谷康.安置小区的人性化景观设计研究:以南京溧水区湖滨新寓安置小区为例[J].建筑与文化,2016(5):220-221.

[138]牛侯艳,樊保国,梁立峰,等.灰色系统理论在果树产地气象生态适宜性评估中的应用初探[J].中国农学通报,2011,27(22):281-285.

[139]裴淑兰,王凯,雷淑慧.中条山野生观赏树种资源的多样性研究[J].林业科学研究,2016,29(6):861-868.

[140]秦丰林,杨丽.基于Ripley's K函数的昆山市景观格局时空变化特征研究[J].中国资源综合利用,2014,32(11):51-56.

[141]邱靖,朱弘,陈昕,等.基于DIVA-GIS的水榆花楸适生区模拟及生态特征[J].北京林业大学学报,2018,40(9):25-32.

[142]谭雪,张林,张爱平,等.子遗植物长苞铁杉(Tsuga longibracteata)分布格局对未来气候变化的响应[J].生态学报,2018,38(24):8934-8945.

[143]谭一波,詹潮安,杨海东,等.广东南澳岛华润楠群落主要树种种间联结性[J].中南林业科技大学学报,2012,32(11):92-99.

[144]汤诗杰,汤庚国.南京椴的资源现状及园林应用前景[J].江苏农业科学,2007(1):234-236.

[145]田兵,冉雪琴,薛红,等.贵州42种野生牧草营养价值灰色关联度分析[J].草业学报,2014,23(1):92-103.

[146]童丽丽,宋菲,许晓岗,等.南京居住区人工植物群落的结构分析及其优化[J].林业科技开发,2009,23(3):91-95.

[147]王伯荪.植物群落学[M].北京:高等教育出版社,1987.

[148]王凤英,田旗,彭红玲,等.舟山群岛2种濒危植物生境特征与迁地保护研究[J].浙江农林大学学报,2014,31(3):417-423.

[149]王华,杨树平,房晟忠,等.滇池浮游植物群落特征及与环境因子的典范对应分析[J].中国环境科学,2016,36(2):544-552.

[150]王滑,潘刚,边巴多吉,等.西藏泡核桃群落结构及物种多样性分析[J].西部林业科

学,2015,44(2):43-47.

[151]王晖.构树生长与材性研究[D].贵阳:贵州大学,2006.

[152]王嘉楠,赵德先,刘慧,等.不同类型参与者对城市绿地树种的评价与选择[J].浙江农林大学学报,2017,34(6):1120-1127.

[153]王崑,罗垚,李萍,等.城市化背景下滨海城市绿地木本植物物种多样性特征研究:以东营市建成区为例[J].西南大学学报(自然科学版),2019,41(7):53-61.

[154]王敏,宋岩.服务于城市公园的生物多样性设计[J].风景园林,2014(1):47-52.

[155]王乃江,张文辉,陆元昌,等.陕西子午岭森林植物群落种间联结性[J].生态学报,2010,30(1):67-78.

[156]王其松,王金明,王才良.浅谈乡土树种的保护与利用[J].江苏林业科技,2007,34(1):41-43.

[157]王庆芬.长春市居住区木本植物物种多样性调查[J].浙江农业科学,2014,1(10):1556-1559.

[158]王育松,上官铁梁.关于重要值计算方法的若干问题[J].山西大学学报(自然科学版),2010,33(2):312-316.

[159]韦薇,王小德,张银龙.南京城市道路绿化带植物结构调查与分析[J].西南林业大学学报,2009,29(5):59-63.

[160]魏小芳,石辉,段保正,等.西安市城市公园树木多样性特征研究[J].水土保持研究,2017(2):162-166.

[161]翁殊斐,黎彩敏,庞瑞君.用层次分析法构建园林树木健康评价体系[J].西北林学院学报,2009,24(1):177-181.

[162]翁殊斐,朱锦心,苏志尧,等.岭南地区滨水绿地植物景观质量评价[J].林业科学,2017,53(1):20-27.

[163]吴志华,李天会,张华林,等.广东湛江地区绿化树种抗风性评价与分级选择[J].亚热带植物科学,2011,40(1):18-23.

[164]肖炜,王峥峰,曹洪麟,等.鼎湖血桐种群生物学及遗传多样性初步研究[J].广西植物,2010,30(1):70-74.

[165]谢春平,方彦,方炎明.乌冈栎群落垂直结构与重要值分析[J].安徽农业大学学报,2011,38(2):176-184.

[166]谢春平,方彦,刘大伟,等.基于层次分析法的江苏宁镇山脉乡土树种评价[J].亚热带植物科学,2019b,48(2):161-168.

[167]谢春平,方彦,袁永全,等.南京城市边缘次生林主要乔木种群生态位分析[J].四川农业大学学报,2012,30(1):7-11,17.

[168]谢春平,刘大伟,南程慧,等.金钱松群落优势种群种间联结及群落稳定性研究[J].生态科学,2021a,40(1):62-70.

[169]谢春平,刘大伟,吴显坤,等.基于灰色关联度分析的浙江楠在江苏的适宜引种地评估[J].云南农业大学学报(自然科学版),2021b,36(2):330-337.

[170]谢春平,邱靖,伊贤贵.南京城市近郊构树种群结构分析[J].云南农业大学学报(自

然科学版),2018,33(4):696-704.

[171]谢春平,徐开,刘大伟,等.安徽省郎溪县农村庭院植物的组成与多样性[J].水土保持通报,2019a,39(2):212-220.

[172]谢春平,伊贤贵,王贤荣.野生早樱在群落灌木层种间联结性的研究[J].南京林业大学学报(自然科学版),2008,32(增刊):54-58.

[173]谢春平,赵浩彦.城市近郊构树群落主要种群种间联结及物种多样性研究[J].中南林业科技大学学报,2017,37(7):85-91.

[174]谢春平.城市近郊构树群落组成与结构分析:以南京仙林地区为例[J].四川农业大学学报,2015,33(4):357-363.

[175]谢春平.都柏林城市中心公园树木组成结构及多样性研究[J].西南林业大学学报,2017,37(1):94-103.

[176]谢春平.基于数字图像的裸子植物物证的固定及送检研究[J].中国司法鉴定,2016(6):33-36.

[177]谢春平.基于主成分分析对宁镇山脉乡土树种综合评价[J].种子,2019,38(4):148-153.

[178]谢春平.南方红豆杉分布区生态适应性分析[J].热带地理,2014,34(3):359-365.

[179]谢春平.南京仙林地区次生林马尾松种群结构分析[J].四川农业大学学报,2012,30(2):156-160.

[180]辛建攀,田如男.南京宁镇山脉南支蕨类植物区系及园林应用[J].南京林业大学学报(自然科学版),2017,41(3):182-188.

[181]杨秀娟,陶琳丽,邓斌,等.菲牛蛭与蛋白饲料原料氨基酸平衡的灰色关联度分析[J].云南农业大学学报(自然科学版),2019,34(1):43-49.

[182]杨永川,达良俊.上海乡土树种及其在城市绿化建设中的应用[J].浙江林学院学报,2005,22(3):286-290.

[183]姚榕,方彦.南京仙林地区次生阔叶林群落的初步研究[J].安徽农业大学学报,2012,39(1):72-78.

[184]游修龄.槐柳与古代的行道树[J].中国农史,1996(4):87-90.

[185]余龙江,孙友平,程华,等.玛咖引种气候适宜区域的选择[J].生命科学研究,2004,8(3):250-255.

[186]岳跃民,王克林,张伟,等.基于典范对应分析的喀斯特峰丛洼地土壤-环境关系研究[J].环境科学,2008,29(5):1400-1405.

[187]张瑶,肖斌.茶叶产量与气象因子的灰色关联度分析:以陕南茶区为例[J].西北农业学报,2018,27(5):735-740.

[188]张建国,徐新文,雷加强,等.塔克拉玛干沙漠腹地引种植物适应性评价指标体系的构建与应用[J].自然资源学报,2009,24(5):849-858.

[189]张建亮,崔国发,黄祥童,等.国家一级保护植物长白松种群结构与动态预测[J].北京林业大学学报,2014,36(3):26-33.

[190]张金屯,数量生态学[M].北京:科学出版社,2004.

[191]张金屯.数量生态学(第2版)[M].北京:科学出版社,2011.

[192]张龙,格日乐图,严靖,等.长三角地区城市人工林主要乔木树种运用研究[J].华东师范大学学报(自然科学版),2022(3):39-49.

[193]张明霞,王得祥,康冰,等.秦岭华山松天然次生林优势种群的种间联结性[J].林业科学,2015,51(1):12-21.

[194]张琴,宋经元,邵飞,等.防风固沙优良树种欧李的潜在适生区及生态特征[J].北京林业大学学报,2018,40(3):66-74.

[195]张青田,胡桂坤.生物多样性指数及其应用中的问题[J].生物学教学,2016,41(7):59-60.

[196]张锁成,谷建才,王秀芳,等.基于AHP方法的高速公路中央分隔带绿化植物综合评价[J].西北林学院学报,2012,27(4):100-102.

[197]张皖清,郝培尧,滕依辰,等.北京郊野地区园林地被植物综合评价与分级[J].西北林学院学报,2015,30(5):252-257.

[198]张艳丽,李智勇,杨军,等.杭州城市绿地群落结构及植物多样性[J].东北林业大学学报,2013,41(11):25-30.

[199]张勇杰,梁婷婷,臧德奎,等.崂山三桠乌药群落组成和结构分析[J].农学学报,2014,4(4):60-63.

[200]张悦,郭利平,易雪梅,等.长白山北坡3个森林群落主要树种种间联结性[J].生态学报,2015,35(1):106-115.

[201]张运春,彭少麟,张桥英,等.澳门松山市政公园物种多样性特征[J].生态环境学报,2008,17(5):1970-1973.

[202]张忠华,胡刚.喀斯特山地青冈栎群落优势种的种间关系分析[J].生态环境学报,2011,20(8):1209-1213.

[203]赵靖雯,任杰,高乾奉,等.17种槭树属植物应用价值的综合评价[J].安徽农业大学学报,2016,43(5):737-742.

[204]赵菊,苏泽春,杨丽云,等.灰色理论在金铁锁引种适宜区选择中的应用[J].江西农业学报,2016,28(4):15-18.

[205]赵娟娟,欧阳志云,郑华,等.城市植物分层随机抽样调查方案设计的方法探讨[J].生态学杂志,2009,28(7):1430-1436.

[206]赵娟娟,宋晨晨,刘时彦.城市植物种类构成的特征分析:以厦门市为例[J].西南大学学报(自然科学版),2018,40(7):1-8.

[207]赵琳,邓继峰,周永斌,等.基于灰色理论分析辽西北半干旱地区适地适树造林决策[J].林业资源管理,2016(5):77-85,102.

[208]郑道君,云勇,吴宇佳,等.海南龙血树野生资源分布及其与水热关系的分析[J].热带亚热带植物学报,2012,20(4):326-332.

[209]钟乐,杨锐,薛飞.城市生物多样性保护研究述评[J].中国园林,2021,37(5):25-30.